Carsten K. Rath

FÜR HERZLICHKEIT GIBT'S KEINE APP

Carsten K. Rath

FÜR HERZLICHKEIT GIBT'S KEINE APP

Service-Excellence in digitalen Zeiten

GABAL

Externe Links wurden bis zum Zeitpunkt der Drucklegung des Buches geprüft. Auf etwaige Änderungen zu einem späteren Zeitpunkt hat der Verlag keinen Einfluss. Eine Haftung des Verlags ist daher ausgeschlossen.

Bibliografische Information der Deutschen Nationalbibliothek
Die Deutsche Nationalbibliothek verzeichnet diese Publikation in der Deutschen Nationalbibliografie; detaillierte bibliografische Daten sind im Internet über http://dnb.d-nb.de abrufbar.

ISBN 978-3-86936-825-2

Lektorat: Christiane Martin, Köln | www.wortfuchs.de
Umschlaggestaltung: Martin Zech Design, Bremen | www.martinzech.de
Autorenfoto (Umschlag): Giorgio Balmelli
Illustrationen, Satz und Layout: Judith Hilgenstöhler, Hamburg | www.daisydraft.com
Druck und Bindung: Salzland Druck, Staßfurt

2. Auflage 2018

Printed in Germany

www.gabal-verlag.de
www.twitter.com/gabalbuecher
www.facebook.com/Gabalbuecher

INHALTSVERZEICHNIS

VORWORT VON FRANK MARRENBACH

„Für Herzlichkeit gibt's keine App" – der Titel dieses Buches hat mich sofort aufhorchen lassen. Wie treffend diese Erkenntnis in einer Zeit, in der sich scheinbar alles um die Digitalisierung dreht und alles andere in den Hintergrund zu rücken droht. Ohne Frage wird die Digitalisierung uns alle verändern – wir stecken schon mittendrin in diesem Prozess. Gerade deshalb trifft dieser Titel bei mir einen Nerv: Gnadenlos aus Kundensicht zu denken wird im digitalen Kosmos noch bedeutsamer sein als je zuvor.

Mit Carsten K. Rath verbindet mich eine lange Freundschaft. Er weiß, wovon er spricht, und vor allem tut er, was er sagt. Das „Enfant terrible" in ihm hat Carsten schon sein ganzes Berufsleben lang zu demjenigen gemacht, der den Status quo infrage stellt – auch gegen den Strom –, wenn andere noch daran festhalten. Sein sicheres Gespür für Menschen und ihre Bedürfnisse, sein kosmopolitisches Verständnis für Entwicklungen und Trends und seine Neugier machen ihn zu einem geistreichen Beobachter.

Doch als Unternehmer geht Carsten immer auch den nächsten Schritt: Er gestaltet, motiviert und inspiriert. Und wenn es nötig ist, dann polarisiert er auch.

Besonders beeindruckt hat mich im Laufe der Jahre auch immer wieder Carstens Fähigkeit, Menschen zu begeistern. Mehrfach durfte ich bei seinen Hoteleröffnungen dabei sein, und die Ausstrahlung seiner Mitarbeiter war stets grandios. Ich bin überzeugt, dass diese besondere Fähigkeit auch seinen Unternehmen zu ihrer Strahlkraft verholfen hat. Nicht nur hat Carsten Marken geschaffen – er ist über die Zeit selbst zur Marke geworden.

Dieses Buch lebt nicht nur von seinen innovativen Thesen über die Gegenwart und die Zukunft des Service; der Autor hat für jede seiner Erkenntnisse auch ein Beispiel aus seinem spannenden Leben als Service-Pionier und Unternehmer parat. Deshalb ist die Lektüre nicht nur reich an Einsichten, sondern auch äußerst unterhaltsam. Dieses Buch ist wie Carsten: Es ist einzig und nicht artig. Das macht es zu einem spannenden Erzählwerk mit hohem praktischen Nutzen für alle Service-Profis und jene, die es werden wollen.

Überlassen wir den SEMOs und COMOs nicht das Spielfeld! Unsere Kunden haben Besseres verdient.

Frank Marrenbach

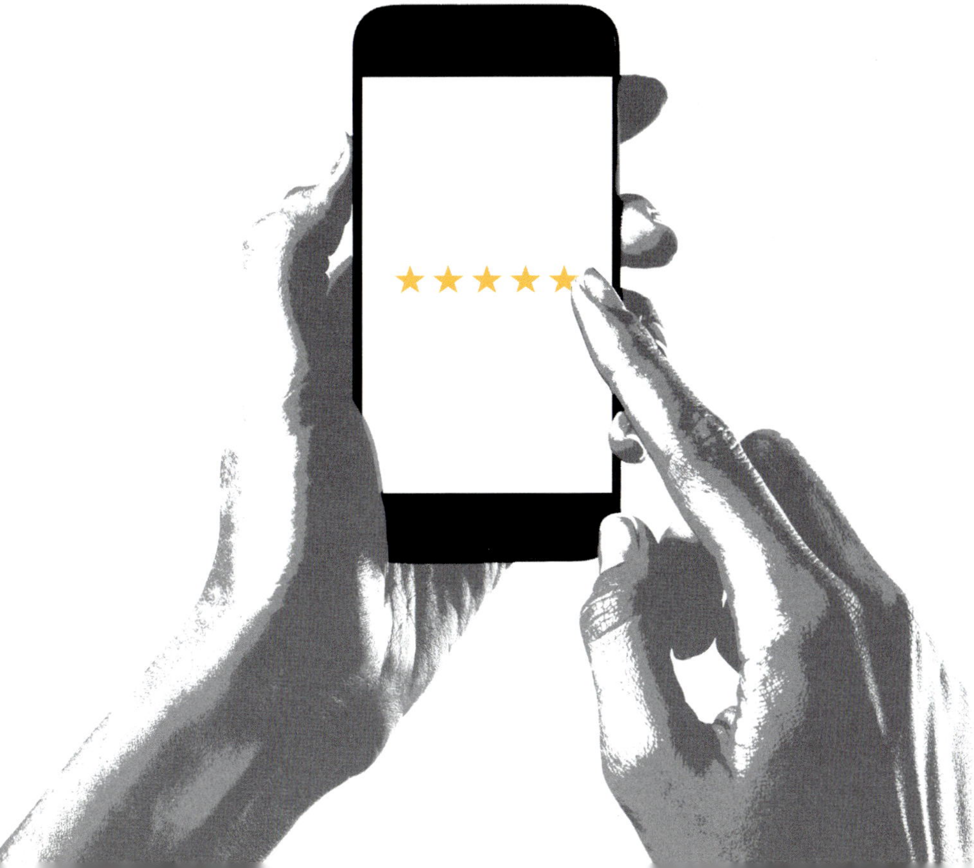

PROLOG

DIE ANTWORT IST IMMER SERVICE

SERVICE-KUNST UND SERVICE-HANDWERK

Service ist eine Kunst. Niemand, der schon einmal einen Tag lang in irgendeiner Weise im Service tätig war, wird das bestreiten. Ganz gleich, ob wir über ein hochtrabendes, philosophisch angehauchtes Service-Verständnis sprechen wie ein Automobilbauer, der gerade angestrengt über die Mobilitätsbedürfnisse der Zukunft nachdenkt, oder über Service im Sinne des Kellners, der Ihnen ein schönes Steak bringt. Beides ist eine Kunst, und alles dazwischen auch. Auf der Ebene der Führung und auf der Ebene der Ausführung. Das liegt daran, dass Service – wie alle Kunst – dem Ziel dient, Menschen zu begeistern. Und wir Menschen sind nun einmal anspruchsvoll.

Service ist auch Handwerk. Er kommt nicht ohne Standards, Maßstäbe und Zielsetzungen aus. Ein Auto gut zu verkaufen, ein Steak richtig zu servieren, ein User-Interface kundenfreundlich zu gestalten, kann man lernen. Doch exzellent wird Service auf der Ebene, wo er zur Kunst avanciert: wenn wir Menschen emotional ansprechen, berühren, verzaubern, überraschen und manchmal sogar ihr Leben verändern. Das ist die Ebene, auf der Service sich über die reine „Dienst-Leistung" erhebt und zum besten USP – auf Deutsch Alleinstellungsmerkmal – wird, den ein Unternehmen haben kann.

Es ist meine feste Überzeugung, dass das Nachdenken über Service und die konsequente Ausrichtung an einer individuellen Service-Philosophie schon heute und mehr noch in Zukunft den Unterschied zwischen einem erfolgreichen Unternehmen und einem nicht erfolgreichen Unternehmen macht.

Service ist unsere Zukunft.

JA, ABER DIE DIGITALISIERUNG!

Ich weiß ja, die Digitalisierung. Sollten wir nicht lieber darüber reden? Liegt da nicht der Schlüssel zur Zukunft? Doch, ja, die Digitalisierung ist von entscheidender Bedeutung. Sie wird oft Thema sein in diesem Buch und auch ihre Auswirkungen auf den Service. Doch die Digitalisierung an sich ist nicht das Erfolgsrezept. Digital werden wir nämlich alle sein. Die Frage ist *wie.* Und bei der Antwort auf diese Frage spielt der Service eine entscheidende Rolle. Die erfolgreichsten Digitalisierungsstrategien schlagen deshalb ein wie eine Bombe, weil sie aus Kundensicht gedacht sind. Das heißt:

Die besten Digitalisierungsstrategien sind immer auch Service-Strategien.

Deshalb denke ich in diesem Buch auch dann, wenn ich über Digitalisierung nachdenke, vor allem über Service nach: Service unter digitalen Bedingungen. Denn das ist die Digitalisierung: eine gegebene Bedingung der zukünftigen Unternehmenswelt. Ich erwähnte es schon: Wir werden alle digital sein. Aber wir werden nicht alle erfolgreich sein, nur weil wir digital sind. Früher waren ja auch nicht alle Unternehmen erfolgreich, nur weil sie von manueller auf maschinelle Produktion umgestellt haben. Industrielle Revolutionen verändern die Bedingungen des Erfolgs. Darüber, wer erfolgreich sein wird und wer nicht, entscheiden andere Stellschrauben. Und die alles überragende und effektivste dieser Stellschrauben ist in meinen Augen:

SERVICE ist: die Kunst, Menschen zu BEGEISTERN.

Deshalb lade ich Sie in diesem Buch ein, darüber mit mir nachzudenken. Und natürlich gebe ich Ihnen darüber hinaus auch eine Fülle von konkreten Tipps und Strategien für Ihre tägliche erfolgreiche Service-Praxis mit, damit Sie vom Nachdenken direkt ins Handeln kommen können. Meine praktischen Service-Impulse sind auf der Basis meiner Beobachtungen gewachsen – vor allem aber auf jahrzehntelanger Erfahrung als Unternehmer, Führungskraft und nicht zuletzt auch als Mitarbeiter im Service. Heute führe ich mehrere Unternehmen, in denen es um Service geht – ausführend und beratend. Zuvor habe ich viele Jahre lang Tausende Service-Mitarbeiter auf vier Kontinenten geführt. Und davor war ich selbst einer von ihnen – erst als Terrassenkellner, dann als Rezeptionist und viel später dann als Hotelmanager.

Deshalb geht es in diesem Buch nicht um abstrakte Theoriemodelle, sondern um ein umfassendes Verständnis von Service. Beobachtungen, Ideen und erprobte Praxis gehen Hand in Hand. Es geht um Erfolg im Hier und Jetzt, auf dem Weg in die Service-Welt von morgen.

DIE WETTE AUF DIE ZUKUNFT

Dies ist nicht das Buch eines Zukunftsforschers, denn das bin ich nicht. Es ist ebenso wenig das Buch eines Historikers, der die Zukunft aus der Vergangenheit herauszulesen versucht. Auch nicht das Buch eines Philosophen, der auf der Basis bewährter logischer Formeln einen mehr oder weniger schlauen, letztlich aber spekulativen Blick in die Glaskugel wagt. Dies ist das Buch von einem, der seit 30 Jahren Service lebt. Der als Führungskraft mit der Verantwortung für die Service-Qualität einerseits oft genervt davon war, wie langsam manche notwendige Veränderung in den verkrusteten Strukturen großer

Unternehmen vorangeht. Und der andererseits viele Trends im Service hat kommen und gehen sehen, die zwar hochgejubelt wurden, den tatsächlichen Bedürfnissen der Menschen im Alltag aber doch nicht standhielten.

An dieser Stelle erlaube ich mir einen ebenso banalen wie notwendigen Einwurf. Den folgenden Satz werde ich in diesem Buch noch mehrfach wiederholen, denn er ist es wert, wiederholt zu werden:

KUNDEN sind MENSCHEN.

Wenn wir über Service nachdenken, dann heißt das immer zuerst: über Menschen nachdenken. Und genau das vergessen wir viel zu oft. Besonders bei den gehypten Kopfgeburten und bei den Versuchen der Bestandswahrung. Dabei geht es im Service doch um nichts anderes als das: Was braucht der Mensch wirklich, genau dieser Mensch, genau jetzt? Von dieser einen Überlegung leben wir, leben alle Unternehmen *eigentlich.* Ich gebe es gern zu: Es ist die vielleicht schwierigste Frage von allen.

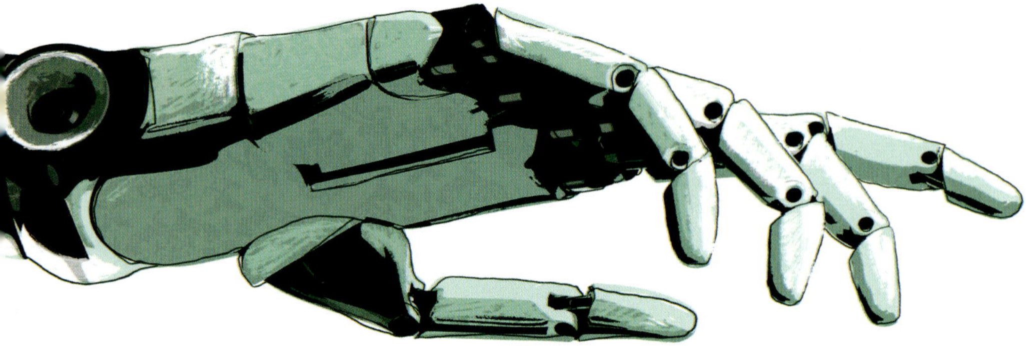

Deshalb wird sie auch so gern mal vergessen oder die Antwort verwässert – durch all die anderen Dinge, die in einem Unternehmen täglich so zu bewältigen sind. Ganz gleich, ob es sich um ein produzierendes oder um ein Dienstleistungsunternehmen handelt.

Wenn wir bei RichtigRichtig.com, meiner Managementberatung für Kundenbegeisterung, Unternehmen auf ihrem Weg in die Zukunft begleiten, spüren wir jeden Tag, welche Unsicherheit in vielen Unternehmen angesichts der Zukunft herrscht. Unsere Vision ist es, dass Sie mit Ihrem Unternehmen die Lücke zwischen Kundenerwartung und Kundenerfahrung schließen. Doch auf dem Weg dahin gibt es oft erst einmal viele alte Glaubenssätze zu überwinden und strategische und operative Barrieren aus dem Weg zu räumen. Sie stammen aus einer anderen Zeit, als sich das System noch um das System drehte und nicht um den Kunden. Überall gibt es dieselben Probleme, dieselben Zukunftsängste, dieselben Zielkonflikte. Überall ist anderes immer dringender.

Dringender vielleicht, aber nicht wichtiger.

Nichts ist WICHTIGER, als darüber nachzudenken, was der KUNDE wirklich WILL.

Service also.

Service zu machen, ist an der Basis, im direkten Kontakt mit den Kunden schon eine Kunst. Service zu machen, im Sinne eines Konzepts für die Zukunft, als Bestandteil der täglichen Führungsarbeit, ist ein zermürbendes Geschäft. Aber es ist in steigendem Maße der bestimmende Teil der Strategiearbeit. Service ist für immer mehr

Branchen und einen immer größeren Teil der Unternehmenslandschaft weltweit die Zukunft. Auch und gerade für die Branchen, die durch die Digitalisierung besonders bedroht sind.

DIE GRENZEN DER DIGITALISIERUNG SIND DIE CHANCEN DES SERVICE

Zu den von der Digitalisierung besonders betroffenen Bereichen gehört nach Meinung der Forscher paradoxerweise ausgerechnet die Service-Industrie oder das, was allgemein als „Dienstleistungssektor" bezeichnet wird. Einige Studien sehen hier längerfristig eine Digitalisierungsquote von über 50 Prozent der Arbeitsplätze. Ob man sich diesen Spekulationen an diesem Punkt anschließen möchte oder nicht, ist eine Glaubensfrage. So oder so lautet auch hier die Antwort: Service. Nicht aus Romantik oder aus Verzweiflung schreibe ich das, sondern aus Überzeugung:

Das POTENZIAL digitaler Alleinstellungsmaßnahmen ist begrenzt und schnell KOPIERBAR.

Denn sie beziehen sich immer auf das Was, auf das Produkt oder die Dienstleistung an sich. Das Potenzial der menschlichen Begegnung, des Bedürfnisses des Menschen nach sozialem Kontakt ist dagegen unbegrenzt. Denn hier geht es um das Wie, und das Wie kennt keine Grenzen. Das *Wie* erlaubt einem Unternehmen, sich immer wieder neu zu erfinden und es immer wieder anders zu machen als der Mitbewerber. Und noch etwas kann Service, das keine andere Digitalisierungsstrategie kann: *Service ist das Spielfeld der Exzellenz.*

Mit Service können sich Unternehmen nicht nur abgrenzen, sondern auch nach oben absetzen. Momentan liegt der Schwerpunkt aller Debatten einseitig auf der Digitalisierung als eierlegender Wollmilchsau. Doch Digitalisierung hat in Bezug auf die Kundenorientierung einen entscheidenden Nachteil: Sie beruht letztlich immer auf Algorithmen. Und bei Algorithmen geht es immer darum, eine Regel aus Normwerten abzuleiten. Algorithmen wollen immer gleichmachen. Für das, was bei jeder Kundenbegegnung wirklich zählt – Neugier, Emotion, Kreativität, Empathie und vor allem Herzlichkeit –, gibt es nun einmal keine App. *Algorithmen sind vernagelt.*

Genau das, was Unternehmen heute nicht sein dürfen. Und deshalb ist eine unreflektierte Digitalisierungseuphorie kein Allheil- und schon gar kein Wundermittel, sondern eine Gefahr. Digitalisierung ist gut und richtig, aber nicht ohne Service. Wer A sagt, muss auch B sagen – oder für immer schweigen.

Digitalisierungslemminge sind vom Aussterben bedroht.

In manchen Unternehmensbereichen und für manche Einsatzzwecke ist die Digitalisierung ein Segen. Die Digitalisierung kann uns sogar helfen, den Service an bestimmten Schnittstellen noch individueller zu gestalten. Dazu später mehr. Eins kann man ohne jede Kaffeesatzleserei schon heute vorhersagen: Der Service der Zukunft wird eine Mischform aus digitalen und analogen Lösungen sein. Die digitalen Optionen stehen jedem offen. Jeder kann sie auf die gleiche Weise bedienen – und kopieren. Die analogen Optionen nicht. Ihr Konkurrent kann Ihre Digitalstrategie kopieren – Normen und Standards verbreiten sich schnell. Ihre Mitarbeiter, deren Haltung und ihre Interaktion mit Menschen klonen kann er nicht. Und was zu Ihnen und Ihrer Marke passt, wird nie und nimmer genauso gut zu seiner Marke passen. Service hat den großen Vorteil, enorm individuell zu sein. Nicht nur im Sinne der Kundenorientierung, sondern auch in der Ausführung. Denn, und jetzt kommt noch ein Satz, der sinngebend für dieses Buch ist:

MITARBEITER sind auch MENSCHEN.

Und als solche in Zeiten der digitalen Standards wertvoller als je zuvor. Denn sie, und nur sie, machen jenen Service jenseits der Norm.

DIE MAGIE DES EINZELFALLS

Und genau das ist das Thema dieses Buches: Service, der mehr erfüllt als seinen Zweck. Es geht mir um Service, der sein volles Potenzial ausschöpft und seine volle emotionale Wirkung erzielt: für das Unternehmen, für die Menschen, die ihn gestalten, und für die Kunden. Von welcher Seite ein Teller angereicht wird und nach welchem Standard Kunden am Telefon begrüßt werden, ist nicht Gegenstand dieses Buches. Die Standards werden anderswo hervorragend beschrieben und variieren von Branche zu Branche, von Unternehmen zu Unternehmen. Hier dreht sich alles um die Magie des Einzelfalls. Um die Individualität jeder einzelnen Interaktion, in der die universelle Macht der Kundenbegeisterung steckt. Um flexible, anwendbare Strategien und praktische Lösungsideen.

Nicht um die Regel, sondern um die Haltung. Nicht um die Technik, sondern um die Idee. Nicht um die Weisungsbefugnis, sondern um die Gestaltungsmacht der Führung. Nicht um die Stellenbeschreibung als Mitarbeiter, sondern um ihre Rolle als Menschen und nicht um die Pflicht, sondern um die Freiheit, den Kunden zu begeistern.

Nicht um graue Theorie oder spekulative Kopfgeburten soll es gehen, sondern um den Service, den wir täglich machen. Sie und ich. Analog und digital. Von Menschen, mit Menschen, für Menschen. Vom Verkäufer, der Staubsauger verkauft und mit Amazon im Wettbewerb steht, über den Rezeptionisten, der Gäste betreut und dabei gegen Roboter antritt bis hin zum produzierenden Unternehmer, der mit physischen Produkten allein seinen Umsatz nicht mehr halten kann, und dem Automobilbauer, der sein Geschäftsmodell über den Haufen werfen und zum Dienstleister werden muss. Es geht um die Realität im Service, wie sie heute ist, auf dem Weg zum Service, wie er morgen sein wird. Nicht übermorgen, aber auch nicht vorgestern – heute und morgen. Nicht mehr und nicht weniger.

SERVICE-WÜSTEN-BEGRÜNER

Wie jede Kunst verfolgt Service das Ziel, Menschen zu begeistern – oder sollte es tun. Und tut es viel zu oft eben nicht. Das ist ein Ansatz, mit dem wir jenseits aller Zukunftsmusik hier und heute schon sehr viel verändern und für unsere Zukunftsfähigkeit tun können. Diese Baustelle ist groß genug, tatsächlich, immer noch. Denn:

Die SERVICE-WÜSTE LEBT.

Das klingt unfreiwillig komisch und ist es auch. Schlechter Service ist noch immer nicht die Ausnahme. Und weil Service immer wichtiger für das Überleben von Unternehmen wird, ist das ein gewaltiges Problem – aber auch eine gewaltige Chance.

Service könnte in so vielen Unternehmen heute schon so viel mehr zum Erfolg beitragen, wenn das Thema ernster genommen würde. Hier spreche ich besonders die Führungsetagen an, aber auch die Mitarbeiter und Führungskräfte auf allen Ebenen mit ihren täglichen Möglichkeiten.

Was lassen wir für Chancen liegen! Es ist beängstigend. Jeder Kunde, der auch nur einmal hervorragenden Service erlebt hat und einigermaßen reflektiert durch die Welt spaziert, muss immer wieder verständnislos den Kopf schütteln darüber, wie blöd wir uns oft anstellen. Und ich sage ausdrücklich: wir! Auch ich finde immer wieder Ecken und Winkel und manchmal großflächige Schluchten in meinen Unternehmen, die nur so danach schreien, mit einer sinnvollen Service-Lösung geschlossen zu werden. Weil ich sie zuvor einfach nicht gesehen habe oder weil es diesen konkreten Bedarf vor Kurzem einfach noch nicht gab.

Manchmal sind es aufregende, hochtrabende Geniestreiche, die die Kundenerfahrung von Grund auf verändern. Doch viel öfter sind es die Kleinigkeiten, die einen großen Unterschied machen. Ihnen kommen wir auf die Spur, indem wir den Kunden frei nach Martin Luther quasi aufs Maul schauen – also wirklich hinsehen, hinhören, hinspüren. Wenn wir das tun, zapfen wir einen unerschöpflichen Quell von Ideen und Optimierungsmöglichkeiten an: der aufgeblasene, viel zu komplizierte, ressourcenverschwendende Prozess, aus dem endlich die Luft rausgelassen wird. Der kleine Gewinn an Schnelligkeit an der entscheidenden Stelle, der für den eiligen Kunden eine Wohltat ist. Die vorausschauende Aufmerksamkeit einer Service-Mitarbeiterin, die sich daran erinnert, dass dieser Kunde immer zuerst einen Cappuccino trinkt, und ihn gleich bei der Begrüßung bereithält. Der kleine Funken Menschlichkeit in einer durchgetakteten, hochtechnisierten Welt, der dem gestressten Manager oder der erschöpften Mutter den Tag rettet.

Service ist beides: der große
GENIESTREICH
und die kleine
AUFMERKSAMKEIT.

Service ist die Kunst und das Handwerk, das Gefühl und die Expertise. Service ist das, was Kunden begeistert und Unternehmen rettet. Die Erfüllung der Erwartungshaltung und die Überraschung, wenn sie übertroffen wird. Service ist das A und das O der Kundenorientierung, der Unterschied zwischen Kundenzufriedenheit und Kundenbeschwerde.

Exzellenter Service ist der Anfang und das Ende jeder großen Erfolgsgeschichte, und schlechter Service ist der Anfang vom Ende.

WAS STEHT BEI IHNEN AUF DEM SPIEL?

Was wollen die Kunden von heute und morgen wirklich? Wo stehen wir im Wettbewerb mit der neuen digitalen Konkurrenz? Wie können wir (noch) besser werden? Was werden wir morgen tun, um Kunden zu begeistern? Warum fallen Unternehmen so oft hinter die Kundenerwartungen zurück? Wozu werden wir in einer digitalen Welt fähig sein? Wer sind wir als Führungskräfte und Mitarbeiter, und wenn ja, wie viele?

Fragen über Fragen – und Service ist die Antwort. Egal, was in Ihrem Unternehmen gerade ansteht: Die Antwort ist immer Service. Ob sie vom Silicon Valley bedroht werden, ob Sie mit unzufriedenen Kunden zu kämpfen haben, ob der Umsatz schwächelt oder ob Sie einfach nur die Besten in Ihrer Branche werden wollen: Mit Service kriegen Sie jede Ihrer Herausforderungen in den Griff.

SERVICE ist Ihre ANTWORT. Auf alles.

Einem aber gefällt diese Antwort nicht. Und diesen Zeitgenossen möchte ich Ihnen vorstellen, bevor es losgeht, denn er wird Sie durch dieses Buch begleiten. Und seinen besten Kumpel zerren wir auch gleich hinter den Kulissen hervor, denn der eine kann ohne den anderen nicht existieren: der SEMO und der COMO.

Exkurs in die freie Wildbahn:
SEMO und COMO – zwei gegen den Kunden

SEMO, der Service Monkey

Gestatten: Das ist SEMO, der Service Monkey. SEMO ist die personifizierte Service-Wüste. Wo er auftaucht, sind wütende Kunden nicht weit. Denn SEMO ist der Wutbürger unter den Dienstleistern: Er ist vor allem anti. Anti Innovation. Anti Empathie. Anti Sonderwünsche. Anti Digitalisierung. Anti Herzlichkeit. Anti Kundenbegeisterung. Anti Freude. Anti alles, worauf man sich persönlich einlassen muss. Für SEMO ist der Kunde eine Bedrohung und die Wünsche des Kunden sind Stolpersteine auf dem Weg in den frühen Feierabend. Er will nicht nachdenken. SEMO steht total auf Prozesse, auf AGB, auf Fristen und auf Kundenabwehrmaßnahmen. „Nein, das geht nicht!" ist sein Lieblingssatz. Einen Punkt auf der Liste abhaken, das macht SEMO glücklich.

Aber wenn ein Kunde einen Sonderwunsch hat oder gar individuelle Betreuung erwartet, will SEMO weg. Nicht aus Bösartigkeit, sondern aus Hilflosigkeit. SEMO ist eindeutig ein Fluchttier. In einem Satz: SEMO ist der Mitarbeiter, der lieber erst mal den Chef fragt. Es sei denn, er kriegt es selbst hin, den Kunden effektiv zu verprellen.

Mehr muss ich Ihnen über SEMO nicht erzählen. Sie haben längst ein Bild davon, wen ich meine. Denn selbst, wenn es in Ihrem Unternehmen keine SEMOs geben sollte (und ich muss Ihnen leider sagen: Das ist nicht sehr wahrscheinlich), kennen Sie unzählige SEMOs aus leidvoller Erfahrung als Kunde.

Und SEMO ist in seiner Mission, Kunden zu verprellen, nicht allein. SEMO hat einen Bruder im Geiste – und die beiden treten fast immer gemeinsam auf. Denn SEMO ist ein enger Verwandter von COMO, dem Corporate Monkey – dem Protagonisten meines Buches *Ohne Freiheit ist Führung nur ein F-Wort*. Um ihn geht es hier nicht, doch auch ihm werden Sie in diesem Buch zwangsläufig hin und wieder begegnen – insbesondere in Kapitel 5, wo es um die Wirkung von Führung auf Service-Excellence geht. Denn wo es SEMOs gibt, sind die COMOs nicht weit. Deshalb gestatten Sie mir, Ihnen auch COMO kurz vorzustellen.

COMO, der Corporate Monkey

COMOs sind Führungskräfte mit großen Ambitionen und wenig Engagement. Diese beiden Attribute verwechseln wir gern: Dass jemand ambitioniert ist, heißt ja noch nicht, dass er sich wirklich reinhängen wird. COMOs klettern

nur aus einem Grund die Karrierepalme nach oben: Sie sind scharf auf die Kokosnuss, ihren eigenen geldwerten Vorteil. Das Unternehmen ist ihnen egal.

Die COMOs sind die Speerspitze des Monkey Business, wo Freiheit ein Schimpfwort ist. Diese Führungskräfte gibt es in jedem Unternehmen. Auf allen Ebenen sind sie anzutreffen. Von ganz unten in der Hierarchie bis hinauf in den Vorstand. Das sind die Führungskräfte, die sich pudelwohl fühlen im Zwangskorsett der Abhängigkeiten. Sie tragen den richtigen Anzug. Sie hangeln sich mehr oder weniger elegant die Karriereleiter hoch. Sie küssen im Vorbeigehen die richtigen Hintern. Sie scheinen immer den richtigen Riecher zu haben, um es noch einen Schritt weiter nach oben zu bringen. Aber eigentlich ist alles, was sie tun und sagen, irrelevant.

Was sie tun, das nennen sie Führung. Sie jagen alle der gleichen Kokosnuss hinterher. Und diese Kokosnuss, die nennen sie dann auch noch Erfolg. Corporate Monkeys machen Führung durchschnittlich – und durchschnittliche Führung macht Corporate Monkeys.

Dieser Spezies fehlt das, was Führung erst ihren Sinn gibt: der Wille zur Freiheit.

SEMO und COMO: Zwei wie Pech und Schwefel

COMO hat in diesem Buch nur ein Gastspiel. Doch ihn zu kennen ist wichtig, um zu verstehen, wo die SEMOs herkommen. Im staubtrockenen, bürokratiefreundlichen Klima der Abhängigkeit, das die COMOs geschaffen haben, gedeiht die Spezies famos, die Ihnen auf den folgenden Seiten immer wieder begegnen wird: SEMO. Denn COMOs züchten SEMOs. Sie brauchen sie dort, wo ihr gemeinsamer Feind auftritt: an den Schnittstellen des Unternehmens mit dem Kunden. Also: im Service.

COMO braucht SEMO, damit der ihm den Kunden vom Leib hält, mit seinen sich ständig wandelnden Bedürfnissen und Sonderwünschen. Denn die Veränderungen in der Lebenswelt der Kunden sind der Grund für den Wandel in unseren Unternehmen. Und wenn es etwas gibt, das COMO gar nicht leiden kann, dann, etwas verändern zu müssen am bequemen System, das er sich eingerichtet hat. SEMO ist COMOs Wachhund - abgerichtet, um den Kunden zu verbellen. Und SEMO fühlt sich wohl in dieser Rolle. Denn während COMO das Unternehmen egal ist, ist SEMO vor allem der Kunde egal. Er verbellt ihn mit Freude - das ist nämlich einfacher, als auf ihn einzugehen. SEMO, der Wachhund, ist das personifizierte Wartezimmer oder vielmehr: die besonders unfreundliche Sprechstundenhilfe in diesem Wartezimmer. Das Gesicht zur Faust geballt, den Kunden mit gefletschten Zähnen fixiert, macht er brav seinen Job - indem er seinen Job eben nicht macht.

Duo infernale

Deshalb verstehen sich SEMO und COMO so gut: Der eine profitiert von dem System der Abhängigkeiten, das der andere eingerichtet hat. Das System von Weisung und Kontrolle, in dem man immer nur abarbeiten muss und nie nachdenken. COMOs machen alles, nur nicht führen. Und SEMOs machen alles, nur nicht Service.

SEMO und COMO sind zwei wie Pech und Schwefel. Wie Dick und Doof, Starsky und Hutch oder Erkan und Stefan. Wir dürfen über sie lachen, denn Lachen ist der beste Weg zur Erkenntnis. Nur eines dürfen wir dabei nicht vergessen: Der Kunde hat bei diesen beiden rein gar nichts zu lachen. Und es ist an uns, daran etwas zu ändern.

Der Schocker kommt zum Schluss: Wir sind alle ein bisschen SEMO. So wie wir in der Führung auch alle ein bisschen COMO sind. Ich nehme mich dabei nicht aus. Auch ich habe Service von SEMOs gelernt, und Führung von COMOs. Auch ich habe einen langen Weg hinter mir. Auch ich kämpfe immer wieder mal gegen den SEMO und gegen den COMO in mir. Ich weiß, dass es nicht leicht ist, sich aus dem alten System Weisung und Kontrolle zu verabschieden. Und ich weiß auch, dass es nicht leicht ist, anspruchsvolle Kunden zu begeistern. Gerade deshalb habe ich dieses Buch geschrieben: Es ist eine Therapiemaßnahme im Umgang mit dem ewigen SEMO in mir. Und ich wünsche mir, dass es Ihnen denselben Dienst erweist.

Nun wissen wir, mit wem wir es zu tun haben: Zwei schlitzohrige Halunken sind es, die den Unterschied zwischen Kundenbeschwerde und Kundenbegeisterung machen.

Kundenbegeisterung entsteht durch exzellenten Service. SEMOs machen alles, nur keinen exzellenten Service. Und die COMOs haben den SEMOs mit ihrer schlechten Führung ein Biotop geschaffen.

Es wäre einfach, SEMO anzuklagen, zu verurteilen und zu vertreiben. Und COMO am besten gleich mit. Doch so einfach ist es nicht, denn: Ein bisschen SEMO steckt ja in jedem von uns. Bei dem einen mehr, bei dem anderen weniger.

Wir sind die, die den Wandel gestalten. Wir sind die, die eine Wahl haben: verändern oder verweigern. Wir sind SEMO. Wenn wir unseren Kunden exzellenten Service bieten und unsere Unternehmen erfolgreich in die Zukunft führen wollen, gibt es nur eine Lösung: SEMO aus der Gefangenschaft befreien, sein Wachhund-Dasein beenden und ihn dabei unterstützen, endlich seine wahre Bestimmung zu erfüllen: als Kundenbegeisterer.

Wenn dieses Buch nur ein Ziel hat, dann dieses: aus SEMO eine echte, herzliche Service-Persönlichkeit zu machen. Machen wir aus SEMO einen Gastgeber, einen Service-Enthusiasten, einen Herzlichkeitsexperten! Machen wir SEMO handlungsfähig!

Damit bleibt eigentlich nur noch eine Frage offen: *Wie* stellen wir das an? *Wie* geht exzellenter Service? Und ich bin froh, dass Sie fragen, denn wir reden immer viel zu viel über das Was und viel zu wenig über das Wie. Das ist ein weiteres Prinzip, von dem Sie in diesem Buch nicht zum letzten Mal gelesen haben.

Ab hier geht es um die Frage nach dem Wie. Und für die Antwort auf diese Frage brauche ich mehr als ein Wort. Ich versuche es mal auf 250 Seiten. Wenn Sie danach immer noch nicht genug haben – und das hoffe ich sehr –, lassen Sie uns weiterreden. Kontaktieren Sie mich gern unter *www.carsten-k-rath.de.* Wenn Sie mögen und auf dem Laufenden bleiben wollen, lesen Sie meinen Blog und folgen Sie mir gern auch auf meinen Social-Media-Kanälen. Schreiben Sie mir und nutzen Sie die Gelegenheit, meine Beiträge zu kommentieren. Die offene Diskussion macht uns alle nicht nur schlauer, sondern auch besser. Denn Service bleibt nicht stehen, weil der Mensch mit seinen Bedürfnissen sich immer weiterentwickelt. Entweder entwickeln wir uns mit oder wir bleiben zurück.

Es geht immer um alles!

Ihr
Carsten Rath

1. SERVICE MACHT DIE MARKE

WIE SIE IHRE KUNDEN ZU FANS FÜRS LEBEN MACHEN

Jeder hat ein konkretes Bild vor Augen, wenn er das Wort „Service“ hört. Sie bestimmt auch. Der eine denkt an den livrierten Pagen, der ihm vor dem Hotel das Gepäck abnimmt. Ein anderer denkt an die freundliche Flugbegleiterin, die ihm eine Decke bringt – weil sie gemerkt hat, dass ihm kalt ist. Wieder ein anderer denkt an die Verkäuferin, die aus Kulanz den Pullover zurücknimmt, obwohl die Umtauschfrist schon vorbei ist. Das alles nennen wir Service.

Erkennen Sie das Muster? Eigentlich ist das mit dem Service ganz einfach.

SERVICE ist, wenn wir genau das bekommen, was wir WOLLEN.

Völlig egal, was das ist. Und das, was Ihr Kunde will – das ist das, was *Sie* brauchen. Das Wesen des Service ist das Prinzip radikaler Kundenorientierung. Wir verhelfen dem Kunden zu einem schönen Leben – la dolce vita –, und sei es auch nur in diesem einen Augenblick. Und wenn er uns damit identifiziert, dann ist der Zustand der Kundenbegeisterung erreicht, nach dem wir alle streben.

Ich habe von einem früheren Präsidenten der Vereinigten Staaten von Amerika gelernt, wie man mit Service-Excellence identifiziert und zur Lieblingsmarke wird. Der Name meines Service-Helden Nr. 1 lautet: Bill Clinton.

Das mag Sie ein wenig überraschen. Bill Clinton ist ja für vieles bekannt. Jüngst etwa dafür, dass er im fortgeschrittenen Alter, viele Jahre nach dem Ende seiner eigenen Amtszeit als Staatsoberhaupt, um

ein Haar auch noch First Gentleman der USA geworden wäre. Neben seinen Errungenschaften als Präsident ist auch das eine oder andere Skandälchen in der öffentlichen Erinnerung hängengeblieben.

Für seine Service-Expertise hingegen ist William Jefferson „Bill" Clinton eigentlich nicht bekannt. Wenn Sie mich fragen: eine Wissenslücke im allgemeinen Narrativ. Der Mann ist ein Menschenbegeisterungsgenie. Ich habe es am eigenen Leib erlebt, und ich zehre noch heute davon. Meine Begegnung mit Bill Clinton hat meine Philosophie der Service-Excellence geprägt wie keine andere.

Das Ziel von exzellentem Service ist es, Kunden zu Fans fürs Leben zu machen. Manche von uns – ich zum Beispiel – verbringen Jahrzehnte damit, die Geheimnisse der Service-Excellence zu ergründen. Wir widmen unser Leben dem Service und kämpfen jahrein, jahraus um die Gunst unserer Kunden.

Wissen Sie, wie lange Bill Clinton gebraucht hat, um mich zu einem Fan fürs Leben zu machen? Fünf Sekunden.

EIN ABEND DER EXZELLENZ

Als ich Bill Clinton treffe, ist er gerade Präsident der Vereinigten Staaten von Amerika. Und ich kann Ihnen sagen: Ich habe lange auf diesen Moment hingearbeitet, wenn auch aus anderen Gründen als Monica Lewinsky. Drei Jahre lang, um genau zu sein. Ich selbst habe zu diesem Zeitpunkt schon prägende Jahre und mehrere Führungspositionen in der Grand-Hotellerie hinter mir. Vor allem habe ich von einigen SEMOs erster Güte gelernt, wie es nicht geht. Einigen davon werden Sie in diesem Buch noch begegnen. Aber mein Ziel habe ich deshalb nicht aus den Augen verloren: Ich will eines der ganz großen Hotels dieser Welt verantwortlich mitgestalten. Seit meinem ersten Engagement in einem Grand-Hotel, als Rezeptionist im Kempinski-Hotel Gravenbruch bei Frankfurt am Main, habe ich diesen Traum gehegt.

Und Mitte der 90er ist es dann endlich so weit. Mich erreicht der Ruf von Kempinski, als erster Hotelmanager das Kempinski-Hotel Adlon in Berlin mit zu eröffnen. Das legendäre Adlon, am 24. Oktober 1907 vom Kunstschreinermeister Lorenz Adlon eröffnet: Tummelplatz der gesamten Elite der Weimarer Republik, Treffpunkt der Politiker und Künstler, die Deutschland geprägt haben. Auch die internationalen Stars gingen im alten Adlon ein und aus: Charlie Chaplin, Marlene Dietrich, Lawrence von Arabien, die Rockefellers, die Rothschilds. Kaiser Wilhelm II. zog die elektrisch beheizten Räumlichkeiten im Winter oft sogar seinem eigenen Stadtschloss vor. Und dann: 52 Jahre Stille, nachdem das Hotel 1945 bis auf einen Seitenflügel ausgebrannt war, der von der DDR noch eine Zeit lang als Ausbildungsheim genutzt und 1984 schließlich auch abgerissen wurde.

Doch das Adlon lebte weiter im Herzen der geteilten und dann wiedervereinigten Hauptstadt. Und in einem Mammutakt, der international seinesgleichen sucht, wird es von 1995 bis 1997 an gleicher Stelle am Pariser Platz vor dem Brandenburger Tor neu errichtet – und ich darf als erster Hotelmanager des neuen Adlon Teil der Wiedergeburt dieser Legende sein. Drei Jahre lang dreht sich mein Leben nur um zwei Dinge: meinen Sohn David, der in dieser Zeit in Berlin geboren wird, und die weitaus schwierigere Geburt, die Eröffnung des Adlon. Doch auch sie gelingt. Am 23. August 1997 findet mit Pauken und Trompeten die Wiedereröffnung dieses historischen Hauses durch Bundespräsident Roman Herzog statt. Das Hotel Adlon ist das einzige Gebäude der Welt, das von zwei verschiedenen Staatsoberhäuptern in zwei verschiedenen Epochen eröffnet wurde: von einem Kaiser *und* von einem Bundespräsidenten. Ein verrückter Tag am Ende dreier verrückter Jahre.[1]

Nur ein paar Monate nach der Eröffnung kommt der große Moment: Bill Clinton kommt nach Berlin und wohnt bei uns im Adlon. Erstmals dürfen wir auch das Staatsbankett ausrichten. Der Bundespräsident persönlich segnet die Gästeliste ab. Wir erwarten schillernde Figuren: Bundeskanzler Helmut Kohl, Bundesratspräsident Gerhard Schröder und viel Prominenz aus Politik, Medien, Kunst und Sport. Und ja, Monica Lewinsky ist auch dabei bei diesem Staatsbesuch in Berlin. Dieser Abend übertrifft alles, was ich bisher erlebt und gesehen habe – nicht nur als gesellschaftliches Event, sondern auch als Service-Ereignis. Dutzende Vollprofis und Hunderte von Berufsjahren, geballt in einem einzigen Dinner: ein Fest für jeden Service-Enthusiasten, ein Abend für die Ewigkeit.

Doch das Spannendste, der wirklich prägende Moment, kommt für mich erst danach. Nachdem das Bankett vorbei ist, tritt plötzlich der Protokollchef von Bill Clinton an mich heran und sagt: „Herr Rath, bitte rufen Sie Ihre Abteilungsleiter zusammen und stellen sich allesamt vor dem Ballsaal auf!"

Wenn man das von der rechten Hand des Präsidenten gesagt bekommt, dann fackelt man natürlich nicht lange. Dann ruft man seine Leute zusammen und stellt sich fein säuberlich in einer Reihe auf. Und da stehen wir Vollprofis aufgeregt wie Grundschüler vor der Zeugnisübergabe. Wir haben keine Ahnung, was kommt. Wir tuscheln und scharren mit den Füßen: Was ist hier los?

FÜNF SEKUNDEN MIT BILL CLINTON

Bis wir plötzlich still werden: Die Tür des Ballsaals öffnet sich. Unsere Köpfe drehen sich synchron, die Hälse gereckt wie Teenager in einer Peepshow. Einige Sekunden vergehen, und dann kommt ein silberner Schopf auf Maßanzug zum Vorschein: Bill Clinton, der mächtigste Mann der Welt, kommt mit festem Schritt aus dem Ballsaal und geht auf das Ende der Reihe zu. Das andere Ende der Reihe. Erst einmal kann ich nichts anderes tun als beobachten und lauschen. Was soll das Ganze? Was tut er da?

Und was er tut, haut mich um: Er geht tatsächlich zu jedem einzelnen unserer Abteilungsleiter und *bedankt sich.* Bill Clinton bedankt sich persönlich *bei jeder einzelnen* unserer Führungskräfte. Zu unserem Küchenchef Charly sagt er: „Vielen Dank für das fantastische Essen, ein wahrer Hochgenuss.“ Unseren Oberkellner lobt er: „Ihr Service ist exzellent, Ihre Aufmerksamkeit und Herzlichkeit sind außergewöhnlich.“

Ich stehe als Manager ganz hinten am Ende der Reihe und hoffe natürlich, dass die Zeit des Präsidenten auch für mich noch ausreichen wird. Die Sekunden vergehen, denn der Staatsgast hat für jeden von uns einige persönliche Worte übrig – als hätte er diesen Auftritt genauso geplant und durchdacht wie jede andere Begegnung, jede politische Unterredung bei diesem Staatsbesuch.

Und dann ist es endlich so weit. Bill Clinton steht vor mir. Mit seiner rechten Hand gibt er mir einen festen Händedruck. Seine linke Hand legt er jovial auf meine Schulter. Und dann schaut er mir fest in die Augen und sagt: „Carsten – great job. You run a fabulous hotel. Thank you very much!“

Sie können sich vorstellen: Ich bin einfach nur sprachlos. Zu diesem Zeitpunkt habe ich zwar bereits viele Jahre als Hotelmanager auf dem Buckel. Ich bin unzähligen Prominenten begegnet und habe etliche Staatsgäste beherbergt. Doch das hier ist anders, das hier ist persönlich. Denn Bill Clinton macht es persönlich. Der mächtigste Mann der Welt kennt meinen Namen! Der Mann, der sonst über den Fortgang des Weltgeschehens entscheidet, nimmt sich Zeit dafür, sich bei *uns* und bei *mir* zu bedanken. Carsten, der ehemalige Terrassenkellner aus dem Rheinland, ist in diesem Moment wichtiger für Bill Clinton als jedes Protokoll, jeder VIP und jeder Staatsgast. Sogar wichtiger als Monica Lewinsky.

Danach gehe ich total euphorisiert zu meinem Chefkoch Karl-Heinz und sage: „Charly, stell dir vor! Bill Clinton kennt meinen Namen! Der mächtigste Mann der Welt hat gerade fünf Minuten nur mit mir geredet!" Und Charly antwortet: „Carsten, ich war dabei. Es waren eher … fünf Sekunden!"

DER PRÄSIDENT, DIE SERVICE-MARKE

Das war meine Begegnung mit Bill Clinton. Nicht die einzige im Zuge dieses Staatsbesuchs, aber die entscheidende. Lassen Sie mich Ihnen erklären, warum sie für mich so prägend war. Warum macht Bill Clinton das, was meinen Sie? Warum nimmt er sich Zeit für das Personal des Hotels, in dem er zu Gast ist, obwohl ein paar Schritte weiter die politische Elite der Bundesrepublik versammelt ist und auf ihn verzichten muss? Macht er das, weil ihm mit diesen Staatsgästen im Ballsaal langweilig ist? Oder weil er ein so außergewöhnlich netter Mensch ist?

Nein – Bill Clinton macht das, weil er als Präsident eine Marke ist. Er weiß: Über ihn wird berichtet. Er weiß, was er tut, spricht sich herum. Er weiß in diesem Moment ganz genau: Irgendwann wird einer auf einer Bühne stehen und über diesen Moment sprechen. Irgendwann wird einer ein Buch schreiben und diese Szene beschreiben, und er will als guter Präsident in Erinnerung bleiben. Und wie Sie sehen, tue ich ihm den Gefallen. Warum? Weil seine Haltung mich vollkommen überzeugt hat. Service-Excellence pur – vorgelebt vom Präsidenten der Vereinigten Staaten von Amerika. In fünf Sekunden.

Und jetzt frage ich Sie: Wollen Sie nicht auch, dass die Menschen so über Ihr Unternehmen sprechen? Wollen Sie nicht auch zur Lieblingsmarke werden anstatt zu einem … Donald Trump?

DIE FÜNF-SEKUNDEN-REGEL DER KUNDENBEGEISTERUNG

Bei meiner kurzen Begegnung mit Bill Clinton hat es bei mir „klick“ gemacht. Diese fünf Sekunden sind sozusagen der Gründungsmythos der Haltung, die ich Service-Excellence nenne. Ich möchte, dass Menschen sich so fühlen, wie ich mich in diesem Moment gefühlt habe. Ich möchte, dass sie genauso begeistert von der Marke sind, wie ich es an jenem Abend war. Ich wünsche mir, dass sie ebenso bewegt sind, wenn ich oder meine Mitarbeiter mit ihnen sprechen. Wir können nicht alle Bill Clinton sein – aber wir alle können Kunden begeistern. Wir können ihnen dieses Gefühl der Zuwendung geben, indem wir ihnen offenherzige Neugier entgegenbringen. Das ist der Funke, der bei den wahren Kundenbegeisterern überspringt: die Erfahrung der persönlichen Wertschätzung durch das Unternehmen, die Magie des Moments.

Aus der Begegnung mit Bill Clinton habe ich meine Fünf-Sekunden-Regel entwickelt:

Fünf Sekunden
BEGEISTERUNG
sind der Grundstein für 50 Jahre
LOYALITÄT.

Eine Lieblingsmarke kann in fünf Sekunden entstehen. Jede Begegnung mit einem Menschen hat das Potenzial, einer dieser besonderen Momente zu werden, in denen die Marke sein Leben berührt und sich einprägt, es vielleicht sogar für immer verändert. Fünf magische Sekunden für Sie und Ihren Kunden: Wenn Sie jeden Kundenkontakt als Chance auf einen solchen Moment betrachten, als Chance, diesen Menschen zu begeistern, ist der Anfang für etwas Großes gemacht. Service-Excellence ist eine Haltung, und der Kunde spürt sie in diesem Moment.

- Ein Lächeln – eine Fünf-Sekunden-Regel.
- Jede Kommunikation mit einem Kunden – eine Fünf-Sekunden-Regel.
- Jede Chance, mit einem Neukunden in Kontakt zu treten – eine Fünf-Sekunden-Regel.
- Jede Frage – eine Fünf-Sekunden-Regel.
- Jede Kundenbeschwerde – eine Fünf-Sekunden-Regel.

Die Fünf-Sekunden-Regel bedeutet, genau das zu tun, was Bill Clinton seinerzeit für uns getan hat: empathisch sein und aufmerksam bleiben. Fünf Sekunden Kundenbegeisterung heißt hier und jetzt da zu sein, den Moment bewusst zu erleben, sich voll und ganz auf diese Magie einzulassen, den Menschen zu sehen und zu achten.

Dieser Hinweis ist mir wichtig: Es geht nicht um die Zeitspanne. Die Fünf-Sekunden-Regel ist kein neurolinguistischer Manipulationszauber, der das Gehirn des Kunden vernebeln soll. Manchmal reichen drei Sekunden, manchmal braucht es zehn. Die Fünf-Sekunden-Regel steht nicht für eine Transaktion mit der Stoppuhr – wie bei der Discounter-Kassiererin, die für jeden Kunden nur eine Minute brauchen darf –, nicht für Dauer oder Breite oder Auftragsvolumen. Sie steht für die *Tiefe* der Begegnung, die aus einer Transaktion Service macht. Es geht mir um Achtsamkeit, die sich tatsächlich schon in kürzester Zeit vermitteln lässt. Wenn wir in diesen fünf Sekunden einen bleibenden Eindruck hinterlassen, dann werden wir zur Lieblingsmarke.

Und wie oft ist Service ganz anders?

Oft erleben wir statt Service aus Leidenschaft SERVICE, DER LEIDEN SCHAFFT.

Sie kennen das Gefühl, wenn Menschen bei Empfängen oder Events mit Ihnen sprechen und dabei ständig an Ihnen vorbei über Ihre Schulter schauen. Sie tun das, weil sie nach jemandem Ausschau halten, der vielleicht noch wichtiger ist als Sie. Oder wenn Ihrem Gesprächspartner sein Handy wichtiger ist als das Gespräch mit Ihnen. An der Hotelrezeption ist das manchmal genauso, wenn die SEMO-Rezeptionistin mit dem Bildschirm redet statt mit Ihnen. Wenn der SEMO-Arzt genervt auf Ihre Fragen reagiert, weil er mit einem Bein schon aus der Tür und unterwegs zum nächsten Patienten ist – time is money. Wenn der SEMO-Kellner Sie warten lässt, weil Sie dieses Mal nur einen Kaffee trinken und andere Gäste wichtiger sind. Wenn Sie am Info-Tresen erst einmal gefragt werden, ob Sie denn Clubmitglied seien, und der weitere Service von Ihrer Antwort abhängt. Das fühlt sich nicht gut an, oder? Einfach achtlos. Täglich verpassen Unternehmen in Deutschland Millionen von Chancen, weil sie die Chance nicht sehen, der sie gerade ins Auge blicken. Täglich werden Unternehmen nicht zu Lieblingsmarken, weil sie das günstigste aller Investments nicht ernst nehmen: die Fünf-Sekunden-Regel.

Fünf Sekunden Achtsamkeit – das ist nicht teuer, das ist nicht aufwendig, aber es macht so einen großen Unterschied. Fünf Sekunden Herzlichkeit, volle Aufmerksamkeit, volle Zuwendung. Und zwar, und das ist ganz wichtig, bei *jeder* Begegnung mit dem Kunden. Immer, ausnahmslos. Weil *jede* Begegnung zählt.

Es geht immer um alles. Denn eine Lieblingsmarke kann in fünf Sekunden entstehen – und sie kann auch in fünf Sekunden zerstört werden.

DIE HARTE WÄHRUNG VERTRAUEN

Vielleicht fragen Sie sich: Ist die Fünf-Sekunden-Regel, die eine tatsächliche Begegnung erfordert, im Zeitalter der Digitalisierung noch zeitgemäß? Ich glaube: mehr als je zuvor. In Zeiten der physischen Entfremdung zwischen Marken und Menschen erfüllen wir unseren Kunden mit der Fünf-Sekunden-Regel eine Sehnsucht. Sind wir doch ehrlich: Digital können wir einen persönlichen Kontakt letztlich immer nur simulieren. Hinter der Marke, die online so liebevoll daherkommt, kann auch eine ganz andere Wahrheit stecken – eine knallharte, turbokapitalistische Geldmaschine zum Beispiel, die sich herzlich wenig für die Bedürfnisse ihrer Kunden interessiert. Im Werbeclip bei YouTube stolpert vielleicht ein süßer Welpe über eine Wiese. Aber in der Fabrik in Fernost arbeiten möglicherweise Menschen unter prekären Bedingungen.

Was wissen wir denn wirklich über manche der Hipster, denen wir online Geld überweisen für Produkte, die wir nie zuvor in der Hand gehalten haben? Was wissen wir darüber, wie es ihren Mitarbeitern geht, welche Menschen und welche Ziele wirklich hinter der Marke stecken? In der digitalen Wirtschaft ist Vertrauen eine harte Währung. Das schnelle Geld kann ein Unternehmen vielleicht auch ohne eine glaubwürdige Reputation machen. Kurzfristig. Doch ein Unternehmen, das gekommen ist, um zu bleiben, hat keine andere Wahl, als sich zu zeigen. Eine Marke, die nach loyalen Kunden strebt, kann gar nicht anders, als den Menschen in die Augen zu schauen. Denn, und das ist wiederum ein Vorteil der Digitalisierung, Transparenz ist heute das A und O bei der Vertrauensbildung. Wenn mit einem Unternehmen etwas nicht stimmt, werden die Kunden es früher oder später erfahren. Selbst wenn es sich nur um ein haltloses Gerücht handelt, muss jeder Zweifel ausgeräumt werden. Und auch das geht am besten von Mensch zu Mensch, bei der persönlichen Begegnung.

Die Fünf-Sekunden-Regel ist mehr als eine Verkaufsmaßnahme. Diese persönliche Verbindung zwischen Unternehmen und Kunde ist die Grundlage für persönlichen Service.

ANSPRUCH UND WIRKLICHKEIT

Schlechten Service gibt es natürlich nicht erst seit der Digitalisierung. Im Gegenteil: Die Digitalisierung fordert gerade die etablierten Marken heraus, sich durch besseren Service abzusetzen. Damit hat sie schon manchen Platzhirsch zum Service getragen, der zuvor nicht viel davon wissen wollte. Schlechten Service gab es schon immer – weil es schon immer einen Unterschied zwischen

Anspruch (Werbung) und Wirklichkeit (Kundenbetreuung) gab. Und natürlich auch, weil es schon immer SEMOs gab.

Einer davon, und ein ganz besonderes Prachtexemplar noch dazu, hat mir als Jugendlichem einmal das Leben schwer gemacht. Bis heute genießt seine Marke kein großes Ansehen meinerseits. Es geht immer um alles, bei jeder Begegnung? Der Service-Mitarbeiter, von dem ich Ihnen jetzt berichte, hatte davon noch nichts gehört. Ein SEMO, wie er im Buche steht. Die Geschichte spielt in meiner Lieblingsstadt Köln, in der ich damals lebte.

Für mich geht damals ein Traum in Erfüllung. Ich leiste mir den ersten großen Luxus meines Lebens: mein erstes Auto. Es ist ein Ford. Und ja, für mich trotzdem Luxus. Es ist nämlich nicht irgendein Ford, sondern ein weißer Ford Escort XR3i. Außer denjenigen, die selbst einmal so einen hatten, können nur Manta-Fahrer verstehen, was das bedeutet. Ich bin damals 19 und stolz wie Oskar. Ich habe ihn von meinem sauer Ersparten gekauft, mit 150 000 Kilometern auf der Uhr.

Es kommt, wie es kommen muss: Ein paar Wochen später bleibe ich bereits mit meinem Ford liegen. Und zwar nicht irgendwo, sondern auf der Inneren Kanalstraße in Köln. Das ist eine von wenigen sechsspurigen Straßen in einer deutschen Innenstadt. Alle fahren da lang. Jeder, der gerade in Köln unterwegs ist. Also auch: meine Kumpels damals. Als Jugendlicher in Köln auf der „Kanalstraße“ mit dem Auto liegenbleiben ist ungefähr so, als würde ein Hollywood-Star mit seinem Lamborghini den Sunset Boulevard entlangfahren, die Ellenbogen lässig aus dem offenen Fenster gelehnt – und dann genau vor dem Hardrock-Café an der roten Ampel auf einen Kleinwagen auffahren.

Der Sunset Boulevard ist für mich damals noch unerreichbar – auf der Inneren Kanalstraße liegenbleiben ist eine Schmach ohnegleichen.

Noch größere Sorgen als um mein „neues“ Auto mache ich mir deshalb darüber, dass mich jemand sehen könnte, bevor die Karre sicher hinter einem Werkstatttor verstaut ist. Aber natürlich macht Murphys Gesetz auch vor mir nicht halt. Gerade bin ich ausgestiegen und habe die Motorhaube aufgemacht – der Motor qualmt, die Kiste sieht aus wie ein Wrack –, da fährt auch schon eine Wagenladung meiner „Freunde“ vorbei – in einem Manta! Sie hupen und grölen: „Ford, besser ankommen!“ Das war damals und noch für viele weitere Jahre der Werbeslogan von Ford. Nie war er unpassender – für mich. Nie war er passender – für die Manta-Fahrer.

Besser ankommen? So viel verlange ich gar nicht – einfach ankommen würde mir schon reichen! In mir brodelt es: Die Herrschaften von Ford haben jetzt einiges wiedergutzumachen. Mit rauchendem Kopf – vor Wut und wegen der erbarmungslosen Hitze über dem Asphalt an diesem glühend heißen Sommertag – mache ich mich auf die Suche nach einer Telefonzelle. Handys gibt es damals nämlich noch nicht. Gott sei Dank. Sonst wäre in diesem Moment wahrscheinlich schon ein Video von mir vor meinem rauchenden Wrack auf Facebook – geschossen aus einem vorbeifahrenden Manta.

Als ich nach einem gefühlten Marathon am Straßenrand endlich eine Telefonzelle ausfindig gemacht habe, rufe ich beim Ford-Fachbetrieb in Köln-Nippes an. Es klingelt neunmal. Als wäre ich zu diesem Zeitpunkt nicht schon genug ins Schwitzen geraten. Dann geht endlich ein ganz besonders „netter“ Ford-Service-Mitarbeiter ran. Ein „richtiger Kundenversteher“. In Wirklichkeit habe ich es mit einem Kölschen SEMO zu tun.

Ein Gespräch mit einem SEMO, auf den man geradezu angewiesen ist wie ich in diesem Moment, ist schwierig genug. Ein Gespräch mit einem Kölschen SEMO – auf Kölsch – ist ungefähr so angenehm wie ein

Glas Kölsch, das eine Stunde lang in der Sonne stand. Damit Sie auch als Nicht-Kölner überhaupt folgen können, übersetze ich das Kauderwelsch nachfolgend für Sie – indem ich auf Service-Deutsch ergänze, was der SEMO im Blaumann mir eigentlich sagen will. Denn wir gehen ja mal davon aus, dass Ford meine Lieblingsmarke bleiben will, in dieser Vertrauenskrise.

Das neunte Klingeln, ein Knacken in der Leitung, und dann brüllt er in mein Ohr, als hätte mein sterbender Motor gerade noch eine Fehlzündung produziert: „Focht, wat is?“ Das soll bestimmt heißen: „Willkommen beim Ford-Kundenservice Köln-Nippes, was darf ich für Sie tun?“

„Ich bin mit meinem Ford Escort auf der Inneren Kanalstraße liegen geblieben ...“

„Un wat kann isch dafför?“ Was er eigentlich sagen möchte, ist: „Ihr Missgeschick mit einem unserer Qualitätsfahrzeuge tut mir aufrichtig leid. Bitte erklären Sie mir doch, was passiert ist.“

„Ah, der Motor ist einfach ausgegangen ...“

„Dat hätt die Djrexkarre add ens!“ Er meint bestimmt: „Dieses Problem ist unserem technischen Kundendienst bekannt. Je älter das Auto, umso häufiger passiert das leider.“

„Aha ... und was soll ich jetzt machen?"

„Da kütt ener eruss!" Übersetzung: „Ich schicke Ihnen sofort einen Abschleppwagen, der das Auto zu uns in die Werkstatt bringt, und entschuldige mich für die Umstände, die Sie hatten."

„Dankeschön."

„Joot! Tschö!" Sagen möchte er sicher: „Es war mir ein Vergnügen, Ihnen helfen zu dürfen. Ich hoffe, Sie beehren uns bald wieder und empfehlen Ford weiter."

Was glauben Sie, wie oft ich Ford und insbesondere den Fachbetrieb in Köln-Nippes seitdem weiterempfohlen habe? Genau. Kein einziges Mal. Und genau das ist der Handlungsimpuls, den ein Unternehmen mit Kundenbegeisterung setzen *könnte* – wenn es denn verstanden hätte, dass Kundenservice kein lästiges Anhängsel des Geschäftsmodells ist, sondern der eigentliche Dreh- und Angelpunkt jedes Kaufvertrags. Der Warenwert ist nämlich nichts im Vergleich zur emotionalen Bindung an die Marke, die der Kunde mit dem Kaufvertrag eingeht.

KUNDENSERVICE
ist keine Abteilung,
Kundenservice ist eine
HALTUNG.

Klar, das Was wurde bei dieser Interaktion erfüllt. Der Abschleppwagen kam. Irgendwann. In der Zwischenzeit hätte ich auf der Motorhaube zwar ein ganzes Spanferkel durchgrillen und noch drei weitere Polohemden durchschwitzen können, aber er kam. Die „Djrexkarre" wurde repariert, und nach einigen Tagen konnte ich wieder Mantas jagen gehen. Aber das Wie bei dieser Interaktion ließ doch einige Wünsche offen. Und die Moral von der Geschicht'?

Schon ein einziger SEMO kann Ihren Ruf RUINIEREN.

Deshalb muss SEMO umdenken. Das ist ein ganz wichtiger Faktor bei Service-Excellence: Beim Was einer Interaktion mit seiner Marke – also: beim Prozess – kann der Kunde schon mal einen Fehler verzeihen. Ein Auto bleibt eben mal liegen. Das ist keine Freude, aber damit rechnet man – zumindest, wenn man Ford fährt. Wenn das Unternehmen dann aber beim Wie versagt, zum Beispiel als Retter in der Not wie an jenem Tag auf der „Kanalstraße", dann ist die Beziehung zerrüttet. Und dann ist sie nur sehr schwer wieder zu kitten.

Fehler beim Was *sind okay – Fehlverhalten beim* Wie *aber nie.*

Warren Buffet hat dasselbe Prinzip so beschrieben: „Es braucht 20 Jahre, um einen Ruf aufzubauen, und nur fünf Minuten, um ihn zu ruinieren." Ich behaupte: Fünf Sekunden reichen auch.

Besser ankommen: Wenn ich meinen Kunden einen emotionalen Anspruch verkaufe, dann bin ich daran gebunden. Wenn die Wirklichkeit ihm nicht gerecht wird, nützt mir auf Dauer der beste Slogan nichts. Denn der echte Wert meiner Marke entsteht nicht auf Werbeplakaten, nicht in Online-Adds und auch nicht an der Börse, sondern im Herzen meiner Kunden.

Der wahre Wert einer Marke wird in Service gemessen.

SERVICE AUF AMERIKANISCH

Gehen wir vom schönen Köln aus noch ein paar Tausend Kilometer weiter nach Westen – nach Naples in Florida. Naples am Golf von Mexiko gelegen und mit traumhaftem Klima gesegnet ist fast genauso schön wie Köln, und vor allem ist die Sprache viel einfacher. Hier machen die Schönen und Reichen Urlaub – und alle, die es sich leisten können, einmal im Jahr oder einmal im Leben so zu tun, als würden sie dazugehören. Der weibliche Durchschnittsgast ist Mitte 20, blond und nur noch teilweise im originalen Bauzustand. Der männliche Durchschnittsgast ist Mitte 80, steinreich und nur noch teilweise bewegungsfähig. Sie wissen, was ich meine.

Für den Service spielt das natürlich keine Rolle: Der ist wertfrei. Service, das merke ich schon nach kürzester Zeit in Naples, ist in den USA eine unanfechtbare Konstante. Nicht lächeln ist keine Option.

SERVICE kennt keine Unterschiede – Service macht den UNTERSCHIED.

Spätestens seit der Präsidentschaft von Donald Trump fragen wir Europäer uns vielleicht, ob Amerika wirklich das Land der Träume ist, für das wir es immer gehalten haben. Doch in Bezug auf Service ist das durchschnittliche amerikanische Unternehmen dem deutschen noch immer einen Schritt voraus. In den USA – und ganz besonders in Florida – wird Service als das betrachtet, was er ist: der eigentliche Wert einer Marke. Amerikaner sehen Service nicht als lästiges Anhängsel eines Geschäftsmodells, sondern als Selbstverständlichkeit. Dort müssen Sie gar nicht erst versuchen, eine Marke zu etablieren, wenn der Business-Plan keine glasklare Service-Philosophie vorsieht. Nicht weil das Finanzamt das voraussetzen würde oder die Bank, die Ihnen Ihre Gründung finanziert, sondern weil die Kunden es voraussetzen.

Können die Amerikaner Service besser als wir? Auf keinen Fall – ein mechanisches Lächeln macht noch keine Herzlichkeit. Nehmen amerikanische Unternehmen Service ernster als deutsche? Im Großen und Ganzen: ja. Und das ist ein Wettbewerbsvorteil, den ich Donald Trump einfach nicht gönne.

Ich habe zwei Jahre lang in Naples gelebt – lange vor Trump, Gott sei Dank. In dieser Zeit habe ich für Ritz-Carlton ein Hotel am Golf von Mexiko geführt und ein weiteres, das Ritz-Carlton Golf-Resort am selben Ort, aufgebaut und eröffnet. Hoteleröffnungen sind immer Wahnsinnstaten. Da folgt eine Beinahe-Katastrophe auf die andere, bis am Ende alles gut wird. Wenn Sie sich schon immer gefragt haben, was „Stirb langsam" bedeutet – eröffnen Sie ein Grand-Hotel, dann wissen Sie es.

Deshalb suche ich mir für meine spärliche Freizeit in Florida ein Hobby, das mich auf andere Gedanken bringt. Was meinen Sie wohl: Welches Hobby wird sich ein Typ wie ich aussuchen – am Strand von Florida, am Golf von Mexiko, unter der Sonne von Naples? Genau: Rosenzüchten natürlich! Mit Anfang 30 werde ich zu einem leidenschaftlichen Rosenzüchter. Warum bis zur Rente warten? Falls Sie sich das fragen: Nein, das Klima ist nicht ideal. In Naples hat es im Sommer gern mal 45 Grad, und die meiste Zeit ist es staubtrocken. Wenn es nicht gerade monsunartig regnet und alles weggespült wird, was im Garten wächst. Na und? Surfen kann doch jeder.

Zunächst läuft es auch richtig gut mit mir und den Rosen. Wochenlang gieße, dünge und beschneide ich sie. Voller Liebe und Hingabe.

Manchmal streichle ich sie sogar, wenn niemand zusieht. Und ich rede mit ihnen.

Nach drei Monaten merke ich plötzlich, dass die schönste meiner Rosen schwächelt. Sie welkt mir einfach unter den Händen weg. Dabei hat der Verkäufer mir versprochen, das sei eine ganz robuste Pflanze! Das kann ich mir nicht gefallen lassen. So nicht, nicht mit mir! Ich buddle meine Liebste aus und bringe sie zurück in den Laden, um sie umzutauschen. Einen Kassenbon habe ich zwar nicht mehr, und den genauen Preis habe ich auch vergessen, aber hier geht es ums Prinzip!

Im Markt angekommen kümmert sich auch gleich ein Mitarbeiter der „Guest-Relations-Abteilung" um mich. Können Sie sich so eine Abteilung in einem deutschen Gartencenter vorstellen? Ich nicht. Um beim Anblick dieses Tresens und angesichts der umwerfenden Freundlichkeit des Mitarbeiters, auf den ich dort treffe, noch wütend auszusehen, muss ich mir richtig Mühe geben.

Es wird nicht leichter, während ich mit ihm spreche. Denn dieser Mitarbeiter ist das Gegenbild von SEMO. Er ist der Inbegriff der Freundlichkeit und Hilfsbereitschaft. Und ich bin völlig irritiert. In Deutschland hätte ich mich das hier nicht mal nie getraut. Wie muss das denn aussehen? Da kommt ein staubbedeckter Typ in Shorts mit einer toten Rose in der Hand in den Laden gestolpert und führt sich auf, als hätte die Pflanze ihm die Hand abgebissen? Wenn Sie das schon ein bisschen albern finden, warten Sie mal ab – es wird noch besser.

Entrüstet stelle ich dem Mitarbeiter den vertrockneten Strauch auf den „Guest-Relations-Counter". So hieß der Tresen dort, hinter dem bei uns in Deutschland wohl eher ein grimmiger SEMO stehen würde, der sich eher verhält wie ein Türsteher. Der freundliche Mitarbeiter schaut mich zunächst verblüfft an, doch er schaltet schnell auf Service-Excellence. Als ich ihm mein Leid klage – „Die schönste von allen, dahin, dahin! Dabei haben Sie doch gesagt, sie würde steinalt werden!" –, trauert er hemmungslos mit mir. Er betrachtet sie eingehend, wie ein Pathologe einen Verstorbenen im Beisein der Hinterbliebenen, und zeigt sich angemessen betrübt über das Ableben der Geliebten. Auch die Rolle des Trauerbegleiters spielt er perfekt: „Es tut mir so leid, Sir. Ich weiß nicht, wie es dazu kommen konnte. Bitte entschuldigen Sie vielmals." Und dann gibt er mir ohne jede Diskussion die von mir geschätzte Summe zurück. Ohne Kaufbeleg! Für eine verwelkte Pflanze, die ich vor drei Monaten gekauft habe! Zum Abschied entschuldigt er sich noch einmal: „I am so sorry, Sir!"

Sie können sich vorstellen: Meine Laune bessert sich schlagartig. Ich bin zufrieden mit diesem Service und verlasse beschwingten Schrittes den Laden. Erst draußen auf dem Parkplatz fällt mir ein, dass ich das Geld ja auch gleich in eine neue Rose reinvestieren könnte. Also mache ich auf dem Absatz kehrt und gehe zurück in den Laden.

Doch irgendwie kann ich die Pflanzenabteilung nicht finden. Also frage ich einen Angestellten nach dem Weg, der meine Orientierungslosigkeit bemerkt und sich sofort meiner annimmt. Und das ist seine Antwort: „Es tut mir leid, Sir, wir sind ein Einrichtungshaus. Wir führen zwar Übertöpfe, aber keine Pflanzen. Wenn sie eine Rose kaufen möchten, empfehle ich Ihnen das Gartencenter direkt nebenan."

Da fällt es mir wie Schuppen von den Augen: Das hier ist gar nicht das Gartencenter, wo ich meine Rose vor drei Monaten gekauft habe. Hier, im Einrichtungshaus, gibt es keine Rosen, überhaupt keine Pflanzen und auch niemanden, der mir mein Geld zurückgeben oder sich auch nur mit dem staubbedeckten, durchgeknallten Deutschen mit seiner Rose auseinandersetzen müsste – theoretisch. Und doch ist genau das passiert. Denn hier gibt es etwas anderes: einen „Guest-Relations-Counter", dessen Mitarbeiter ihren Auftrag am Kunden verdammt ernst nehmen.

Das ist Service-Excellence. Wenn Sie die alberne Vorstellung überwunden haben, was für ein Bild ich dort abgegeben haben muss, stellen Sie sich das mal vor: Das ist so, als ob Sie bei Mediamarkt einen Fernseher kaufen und dann bei Defekt von OBI Ihr Geld zurückbekommen würden.

Dieser Mitarbeiter hat die 5-Sekunden-Regel genutzt, um mich zu begeistern. Er hat mich absolut ernst genommen, obwohl er mich wahrscheinlich für grenzdebil gehalten hat. Er hat alles getan, um mich zufriedenzustellen, obwohl er mich wahrscheinlich dreist fand. Und er hat keine Sekunde gezögert, mehr zu tun, als er hätte tun müssen. Viel, viel mehr.

Weil er musste? Nein, weil er konnte. Weil offensichtlich keine Regel, keine Budgetgrenze und keine Denkbarriere das verhinderte. Weil er offensichtlich in seinem Job über genau die Freiheiten verfügte, die es brauchte, um mich zu begeistern. Und das ist ihm gelungen.

GROSSZÜGIGKEIT IN KLEINIGKEITEN

Wie sehen Sie das: Hat der Mitarbeiter alles richtig gemacht? Hat er seinem Unternehmen einen Gefallen getan? Oder hat er sich übertrieben großzügig gezeigt und seinem Unternehmen mit dieser Investition in meine Zufriedenheit geschadet, obwohl ich nur ein *potenzieller* Kunde war? Lohnt es sich, wenn Unternehmen keine Kosten und Mühen scheuen, um Menschen für sich zu begeistern, oder sollten sie beim Thema Kundenbindungsmaßnahmen lieber mit spitzem Stift rechnen – eine Lieblingsbeschäftigung der Excel-Taliban in vielen Unternehmen?

Es gibt eine rechnerische Antwort auf diese Frage. Und die fällt anders aus, als Sie vielleicht glauben.

Wenn Sie Ihre Zweifel an der Sinnhaftigkeit „übertriebener" Großzügigkeit haben, weil die Kunden sie schließlich knallhart ausnutzen könnten, kann ich Entwarnung geben: Statistisch gesehen nutzen durchschnittlich nur zwei bis drei Prozent der Kunden diese Großzügigkeit aus.[2] Im Discountbereich dürfte die Zahl etwas höher liegen, im Hochwertbereich niedriger. Wie großzügig Sie sich zeigen sollten, ist ein Stück weit sicher abhängig von Ihrem Geschäftsmodell.

Am relevantesten ist die Frage, wie großzügig Unternehmen sein sollten, im Kundenservice, insbesondere im Beschwerdemanagement. Und bei der Kulanzfrage macht Großzügigkeit angesichts der statistisch geringen Ausbeutungsneigung allemal Sinn: Wenn Sie das stumpfe Scherblatt des Rasenmähers kostenlos austauschen, obwohl der erzürnte Kunde damit offensichtlich einen Kiesweg gemäht hat, können Sie die Beschwerde in Begeisterung drehen. Und die zahlt sich in aller Regel auch für das Unternehmen aus.

Nichts ist TEUER, als einen Kunden zu VERLIEREN.

Großzügigkeit hat nämlich drei unmittelbare Effekte:

- Der Kunde wird von Ihrer Kulanz positiv überrascht sein – er rechnet nämlich mit Ihrer Ablehnung und einer hitzigen Diskussion. Durch die Überraschung senken Sie die Wahrscheinlichkeit weiterer Beschwerden desselben Kunden – er weiß ja, dass er einen Kiesweg gemäht hat …
- Der Kunde wird mit weitaus geringerer Wahrscheinlichkeit negativ über das Produkt und die Marke sprechen, dafür mit deutlich höherer Wahrscheinlichkeit positiv über Ihren Service. In Zeiten, in denen Online-Bewertungen maßgeblich über den Erfolg von Produkten entscheiden und das Markenimage einen messbaren und stetig wachsenden Einfluss auf den Unternehmenserfolg hat, ist das ein wichtiger Wettbewerbsvorteil!

- Die Wahrscheinlichkeit, dass der Kunde auch den nächsten Rasenmäher bei Ihnen kauft, steigt ebenfalls deutlich. Außerdem wird er – angesichts der Premiumerfahrung mit Ihrem Kundenservice – weniger sensibel auf die unvermeidlichen Preissteigerungen reagieren. Zudem wird er Ihrer Marke auch dann eher treu sein, wenn er in ein höheres Marktsegment wechselt (weil er mit seinen kaputten Knien dann doch lieber auf einen Sitzmäher umsteigt).

Ob sich die Großzügigkeit innerhalb Ihrer Branche, in Ihrem Unternehmen und für Ihr Geschäftsmodell rechnet, entscheiden Sie. Rechnen Sie es mit der Missbrauchsquote von zwei bis drei Prozent doch ruhig einmal durch. Doch bedenken Sie dabei: Marken, die mit einem besonderen Service assoziiert werden, können es sich in vielen Märkten auch erlauben, höhere Preise zu verlangen als die knauserige Konkurrenz. Selbst wenn Sie den „Verlust durch Service" konkret einpreisen, können Sie also möglicherweise dennoch einen Vorteil erlangen. Von der Umsatzsteigerung und der verbesserten Kundenbindung, die damit einhergehen, ganz zu schweigen.

> Guter **SERVICE SPRICHT** sich herum. Schlechter auch.

Ich will es gar nicht leugnen: Es wird einige Kunden geben, die Ihre Kulanz ausnutzen. Während meiner Zeit bei Ritz-Carlton in Naples habe ich mehrfach erlebt, dass Hotelgäste gezielt Haare auf dem Kissen oder Schmutz unter dem Bett platzierten, um sich mit ihrer Beschwerde eine kostenlose Übernachtung oder ein Upgrade auf Kulanz zu sichern – gern auch unter Androhung schlechter Bewertungen oder offizieller Beschwerden bei Verbraucherbehörden. Jedes Hotel kennt diese Art von Gästen. Sicher gibt es auch in Ihrer Branche bestimmte Tricks, mit denen Sie rechnen müssen. An diesen wenigen Kunden machen Sie tatsächlich Verlust. Doch das sind nicht die Kunden, die Sie halten wollen. Und es sind auch nicht die Kunden, die wiederkommen. Selbst in ihrem Fall ist der Schaden durch Kulanz geringer als der Schaden durch negative Mund-zu-Mund-Propaganda.

Es sind die „restlichen" 97 bis 98 Prozent, die uns interessieren. Die überwiegende Mehrzahl der Kunden, die für eine begeisternde Service-Erfahrung empfänglich sind – und die wiederkommen. Sie werden Fans fürs Leben! Wenn wir bei Kleinigkeiten großzügig sind, ist es der Kunde auch – mit seiner Stimme, seinen Empfehlungen, seiner Treue.

Großzügigkeit bei Kleinigkeiten rechnet sich.

 EMOTIONEN SIND ANSTECKEND

Ich selbst bin das beste Beispiel dafür, dass positive Emotionen weit tragen. Ich habe damals in den USA jedem meiner Freunde und Kollegen vom Einrichtungshaus mit einem Herz für Rosenzüchter und Verrückte erzählt. Nicht etwa, weil ich so nett bin, sondern weil begeisterte Empfehlungen einen psychologischen Belohnungseffekt auslösen: Wir profitieren gefühlt mit, wenn wir Menschen helfen. Und wir werten uns gefühlt selbst mit auf, wenn wir eine Lieblingsmarke empfehlen und mit ihr assoziiert werden. Das ist der Grund, warum es so viele „hippe Apple-Jünger", „leidenschaftliche Ferraristi" und „ökobewusste Prius-Fahrer" gibt: Die Emotionen, die durch begeisternde Markenerfahrungen ausgelöst werden, sind ansteckend. Und der ansteckendste Virus von allen ist begeisternder Service. Nichts zahlt mehr auf die Markenerfahrung ein und nichts verbreitet sich rasanter, als wenn wir Menschen etwas geben, das sie gern weitergeben.

MARKEN stehen für einen bestimmten Typ MENSCH – und diese Menschen stehen für „ihre" Marken.

Diese Markenwirkung, der „Apple-Effekt" zum Beispiel, wird oft den großen Gesten, taktischen Geniestreichen und bombastischer PR zugeschrieben. Diese Fixierung auf das große Ganze ist auch zweifellos richtig und wichtig. Doch das alltägliche Markenerlebnis, wenn es zu einer direkten zwischenmenschlichen Berührung mit dem Unternehmen kommt, wird darüber gern vernachlässigt. Wir konzentrieren uns immer auf die großen Prozesse, auf bombastische Verkaufsargumente, auf die Masterstrategie. Doch das, womit wir den Kunden im Alltag wirklich abholen, das sind oft die Kleinigkeiten.

Service-Excellence ist kein Prozess, sondern eine Haltung – eine ganze Kultur.

Das Geheimnis der stärksten Marken sind nicht die Produkte, die USPs oder die Marketingstrategie. Sondern etwas ganz anderes.

Im Thinktank meiner Managementberatung RichtigRichtig.com haben wir uns unter anderem für unser Management-Buch „Das beste Anderssein ist Bessersein" eingehend mit den Erfolgsmechanismen der Besten beschäftigt. Wir haben uns Fragen gestellt wie: Was machen Unternehmen wie Apple, BMW oder Singapore Airlines anders als andere und welchen Effekt erzielen sie mit diesen Maßnahmen? Wie machen sie Kunden zu Fans, wie werden aus Käufern Jünger? Die Antworten auf all diese Fragen lassen sich in einem Satz zusammenfassen, bei dem es nicht um die Produkte und nicht ums Marketing geht, sondern um die emotionale Wirkung:

Das Geheimnis einer Erfolgsmarke ist die Anzahl der positiven Geschichten, die die Kunden mit der Marke – und deren Botschaftern – erleben.

Das ist kein materieller Effekt – nichts, was man anfassen und worauf man ein Preisschild kleben könnte. Das ist ein gefühlter Effekt, der sich in der Lebenswelt der Kunden entfaltet – in der persönlichen Beziehung, in der emotionalen Begegnung zwischen Menschen und Marken. Und das ist die Domäne von Service-Excellence. Darauf zahlt jedes Lächeln, jede Geste der Gastfreundschaft, jede 5-Sekunden-Begegnung ein:

- die Überraschung, wenn der Kundenservice freundlich und kulant reagiert
- die Freude, wenn man mehr bekommt, als man erwartet
- der Belohnungseffekt, wenn man die Erfahrung mit anderen teilt

Und wie operationalisiert man diese Begeisterung, diesen gefühlten Effekt? Wie erzählt man dem Kunden die richtigen Geschichten? Da die Wirkung keine materielle ist, kann auch die Vorgehensweise nicht materiell sein. Der Schlüssel liegt in der persönlichen Begegnung, im Miteinander von Marke und Kunden. Er liegt bei den besten und wertvollsten „Brand Ambassadors“, die ein Unternehmen zur Verfügung hat – den Mitarbeitern.

Der Unterschied zwischen KUNDENLOYALITÄT und KUNDENBESCHWERDE liegt im Verhalten der Mitarbeiter.

Wie werden Marken zu Lieblingsmarken? Service ist die Antwort: An dieser Schnittstelle, in der Begegnung mit dem Kunden, werden Lieblingsmarken gemacht. In jenem Baumarkt in Naples habe ich das am eigenen Leib erlebt. Und nicht nur da. Reisen wir noch ein wenig weiter auf der Suche nach den Geheimnissen der Lieblingsmarken, von Köln über Naples nach Seoul in Südkorea – schließlich haben wir alle es heute mit internationalen Märkten zu tun.

SERVICE AUF ASIATISCH

Nicht nur in den USA, auch in vielen asiatischen Ländern ist das Grundverständnis von Service ein anderes als in einem durchschnittlichen deutschen Unternehmen. Das heißt nicht, dass wir jedes internationale Rezept übernehmen könnten oder sollten – wohl aber, dass wir auf globalen, digitalen Märkten von einem breiten Inspirationshorizont nur profitieren können.

In Seoul habe ich eine zunächst irritierende, dann aber sehr erhellende Erfahrung gemacht: Wenn Sie in Südkorea ein gehobenes Kaufhaus betreten, stehen am Eingang zwei Mitarbeiter, die Sie begrüßen und sich verbeugen. Und wenn Sie wieder gehen, tun sie dasselbe – egal, ob Sie fünf Tüten in der Hand haben oder nicht.

Zunächst war mir das ein wenig unangenehm. In Deutschland kann man manchmal ja schon dankbar sein, wenn man nicht schon am Eingang vom grimmigen Röntgenblick eines Security-SEMOs empfangen wird. Wenn man tatsächlich einen auskunftsbereiten Mitarbeiter findet, wenn man einen braucht. Oder wenn man den Bus nach einem hitzigen Sprint noch betreten kann, bevor der Fahrer die Tür direkt vor der Nase schließt und einem dabei ungerührt in die Augen blickt. Eine Verbeugung wirkt hierzulande regelrecht überzogen. Warum diese demütige Geste?

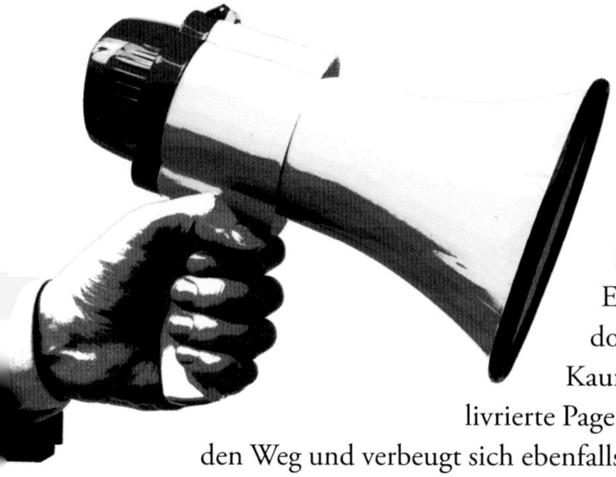

Um dem Kunden zu zeigen: Hier bist du König. Der Service in Seoul fängt sogar noch früher an, nämlich schon an der Einfahrt zum Parkhaus. Auch dort steht ein Mitarbeiter des Kaufhauses – aufgedonnert wie der livrierte Page eines Luxushotels –, weist Ihnen den Weg und verbeugt sich ebenfalls, während Sie an ihm vorbeifahren. Und wenn Sie das Parkhaus wieder verlassen und Ihren Kassenbon vorzeigen, dann bezahlen Sie nichts für das Parken. Sie sind ja Kunde.

Eine weitere Erfahrung mit der koreanischen Service-Mentalität habe ich in einem Steakhaus in Seoul gemacht. Der Schreck hat mich wahrscheinlich ein Stück Lebenszeit gekostet, aber das war es wert.

In dem Moment, als ich meinen Fuß über die Schwelle des Restaurants setze, hebt plötzlich ein ohrenbetäubender Lärm an. Sämtliche Mitarbeiter – sogar die, die gerade an einem Tisch in der hintersten Ecke andere Gäste bedienen – brüllen aus voller Kehle irgendetwas, das ich natürlich nicht verstehe, denn mein Koreanisch beschränkt sich auf „Kimchi".

Ich bleibe im Eingang wie angewurzelt stehen: Was ist denn hier los? Darf ich hier als Weißer nicht rein? Wollen die mir mitteilen, dass sie keinen Tisch mehr frei haben? Aber warum lächeln die dann alle so freundlich dabei? Steht hinter mir vielleicht einer, der Geburtstag hat, und alle gratulieren? Bevor ich mich aus meiner Schockstarre lösen kann, kommt eine Kellnerin auf mich zu, verbeugt sich – natürlich – und geleitet mich zu einem freien Tisch. Nun ist wieder alles so, wie ich es aus jedem Restaurant überall auf der Welt kenne. Ich fange an, mich zu entspannen: Offensichtlich bin ich hier als Langnase doch erwünscht, und ein Tisch ist auch frei.

Doch mein Hintern hat kaum das Sitzpolster berührt, da geht das Gebrüll schon wieder los. Ich schnelle kerzengerade in die Höhe (Habe ich den falschen Platz erwischt? Habe ich irgendeine Regel gebrochen?) und schaue meine Kellnerin fragend an. Doch die hat sich dem Eingang zugewandt. Gerade kommt ein junges Pärchen rein und wird genauso angebrüllt wie ich eben. Da dämmert es mir, und ich beobachte dieselbe Szene noch Dutzende Male an diesem Abend: Das freundliche Kriegsgebrüll ist kein Alarmsignal, sondern eine Begrüßung. Jedes Mal, wenn ein Gast das Restaurant betritt – und auch jedes Mal, wenn einer es verlässt –, hebt die gesamte Mannschaft bis hin zum Küchenpersonal in der offenen Küche dazu an. Wie ich später erfahre, gehört das zur Philosophie der Kundenbetreuung: In diesem Restaurant geht kein Gast rein oder raus, ohne persönlich begrüßt und verabschiedet zu werden. Der Mitarbeiter, der es zuerst bemerkt, brüllt los, und alle anderen stimmen ein.

Gewöhnungsbedürftig? Vielleicht. Charmant? Und wie.

KUNDENBINDUNG UM DIE ECKE GEDACHT: FLANKIERENDE SERVICE-LEISTUNGEN

Hinter all diesen Maßnahmen, von der Verbeugung über das Parken bis zum Gebrüll, steckt ein Muster: Sie haben alle nichts mit der eigentlichen Transaktion zu tun. Und dennoch werden sie mit voller Hingabe durchgeführt – bei jedem einzelnen Kunden. All diese Service-Leistungen flankieren den eigentlichen Kaufvorgang nur und dennoch wird viel Aufwand dafür betrieben und es werden keine Kosten gescheut.

Warum all dieser Aufwand, der personelle Ressourcen erfordert und auch noch Geld kostet?

Die Verbeugung und das Begrüßungsritual haben ein Stück weit natürlich auch mit der Mentalität zu tun: Besonders die Verbeugung ist in Korea eine universelle eine Geste der Höflichkeit. Das lernen Koreaner schon in der Grundschule. Deshalb setzen die Kunden es einfach voraus: Hier werde ich als Kunde geschätzt, also verbeugt man sich vor mir. Dass ein deutscher SEMO sich vor seinen Kunden verbeugt, das werden wir in diesem Leben wohl nicht mehr erleben. Doch andere Verhaltensweisen – so schrullig sie auf den ersten Blick anmuten mögen – bieten durchaus Anreiz, darüber nachzudenken, was Kunden wirklich bindet. Das wilde Gebrüll und das kostenlose Parken sind auch in Korea keine Grundrechte. Diesen Aufwand betreiben die Unternehmen einfach deshalb, weil das Parken und jede kleine Interaktion mit dem Kunden zum Erlebnis gehören: Sie zahlen direkt auf die Geschichten ein, die die Kunden mit dem Unternehmen erleben. Und die Summe dieser Geschichten macht die Strahlkraft der Marke aus.

Die Summe der positiven GESCHICHTEN, die Ihre Kunden über Ihr Unternehmen erzählen, sind Ihr wahrer MARKENWERT.

Wenn das Personal mich ignoriert, wenn ein SEMO mich blöd anschaut, weil ich ihn bei seiner Kaffeepause störe oder wenn ich schon beim Parken Stress habe, macht der Einkauf keinen Spaß. Wenn ich keinen Spaß habe, kaufe ich weniger. Und vor allem komme ich nicht wieder.

Kunde sein ist keine
TRANSAKTION –
Kunde sein ist ein
ERLEBNIS.

MARKENSPIELFELD SERVICE

Kunden zu begeistern ist schon für Dienstleister eine riesige Herausforderung, die sich jeden Tag aufs Neue stellt. Für viele produzierende Unternehmen ist der Anspruch der Kunden an die direkte Interaktion ein ganz neuer Wettbewerbsfaktor – und einer, der sich schwerlich in Benchmarks abbilden lässt. In der Markenkommunikation mag dieser Anspruch schon länger ein Thema sein; bis er ein Unternehmen als definierender Faktor durchdrungen hat, ist es jedoch ein weiter Weg.

Leider gibt es gerade in produzierenden Unternehmen sehr viele SEMOs, denn dort ist Service oft – noch – keine Kernkompetenz. Doch das wird sich ändern. Denn Lieblingsmarken entstehen heute nicht mehr allein durch Qualität, Zuverlässigkeit und Kundenfreundlichkeit beim Produkt. Lieblingsmarken können immer mehr als nur produzieren – und unterscheiden sich in zunehmendem Maße dadurch, wie sie mit ihren Kunden umgehen:

Die entscheidende Differenzierung findet heute nicht mehr auf der Produktebene statt.

Denn für eine Differenzierung auf der Produktebene sind sich die Produkte, die Unternehmen und sogar die Claims viel zu ähnlich geworden.

Und wenn es in Ihrer Branche noch nicht so sein sollte – es wird so kommen. Die Besten heben sich heute dadurch ab, *wie* sie die *Beziehung* zu ihren Kunden gestalten. Und wie gestaltet man als Unternehmen die Beziehung? Mit Service! Durch ständig neue Ideen, wie man den Kunden an sich binden kann. Es geht schon lange nicht mehr um das Was. Es geht um das Wie, um die Art und Weise, wie ein Produkt und die Marke dahinter sich ins Leben der Kunden integrieren.

ERFOLGREICH denkt man heute nicht mehr in Geschäftsideen, sondern in SERVICE-IDEEN.

Bei dieser Neuausrichtung der Markenidentitäten kommt den flankierenden Dienstleistungen eine zentrale Rolle zu. Denn sie prägen die Kundenerfahrung genauso wie das Produkt. Was nützt mir eine Luxuslimousine, wenn der Hersteller bei der Jahresuntersuchung nicht für seine Qualität einsteht? Wie viel Luxus vermitteln mir sündhaft teure Kaffeekapseln, wenn ich beim Einkauf nicht behandelt werde wie ein VIP? Warum sollte ich das Dreifache für einen Flug bezahlen, wenn der Aufpreis sich nicht in einem entsprechenden Erlebnis an Bord niederschlägt?

Das Drumherum wird zum zentralen Spielfeld der Lieblingsmarken. Die Marktführer in vielen Branchen sind schon heute Champions auf diesem Spielfeld. Und dieses Drumherum ist immer eine Form von – Service. Die erfolgreichsten Marken verstehen es, sich im Leben ihrer Kunden gefühlt unentbehrlich zu machen. Indem sie es ihnen einfacher oder schöner machen. Oder beides. Produkte sind immer noch Produkte – doch den Ausschlag bei der Kaufentscheidung gibt heute der Lifestyle-Faktor.

LIEBLINGS-MARKEN entstehen nicht in der Fabrik, sondern im ALLTAG.

BEST PRACTICE: LIFESTYLE DIGITAL

Besonders viele Beispiele dafür, wie Marken einen Platz in der Lebensgestaltung ihrer Kunden einnehmen, finden sich natürlich im digitalen Bereich. Genau damit haben viele digitale Konkurrenten etablierter Unternehmen schließlich ihre Marktmacht errungen: dasselbe, nur bequemer. Die Besten unter ihnen ruhen sich auf diesem Erfolg jedoch nicht aus, denn was einmal kopiert wurde, kann auch wieder kopiert werden.

Der Online-Streamingdienst Netflix beispielsweise hat die Unterhaltungsbranche quasi im Alleingang überrollt – durch eine smarte Service-Idee. Netflix hat den gegebenen Unterhaltungsbedarf der Menschen erfolgreich neu interpretiert und es damit auf Wachstumsraten bis zu 60 Prozent innerhalb eines Jahres und inzwischen über 100 Millionen Nutzer gebracht.[3] Und dabei gezeigt, wie groß die Gefahr für die Etablierten in jeder Branche ist, wenn sie es verpassen, mit der Zeit zu gehen.

Dank Netflix geht Kino seit einigen Jahren

auch zu Hause. Und das hat Vorteile, die nicht zu leugnen sind: Der Film- oder Serienabend im trauten Heim kommt ohne Proll in der Reihe hinter Ihnen aus, der während des Films telefoniert, sich lauthals mit seiner Freundin streitet und die anderen Zuschauer mit Popcorn bewirft. Warum sollte ich mir das antun, sagen sich viele, wenn ich dieselben Inhalte auch auf dem riesigen Smart-TV zu Hause genießen kann? Genau das machen Netflix und andere Video-on-demand-Plattformen wie „Amazon Prime Video" möglich. Auch der Fernsehabend ist seit Netflix nicht mehr derselbe: Jetzt läuft die Lieblingsserie, wann der Nutzer es will – und oft auch nur noch bei Netflix oder einem der Konkurrenten und nirgendwo anders.

Bestimmt erinnern Sie sich noch an die Zeit, als die illegalen Tauschbörsen im Internet Furore machten. Dort konnte jeder Dateien online stellen und anderen zum Download zugänglich machen. Auch zum Beispiel Filme und Serien. Das war natürlich ein Riesenproblem für die alten Anbieter, die Tempelwächter der exklusiven Unterhaltung: Kino und Fernsehen. Sie mussten massive Einbußen durch die digitale Piraterie hinnehmen.

Und wie reagierte die Filmindustrie darauf? Bestimmt haben Sie auch das nicht vergessen: Sie schrie und klagte – in bester SEMO-Manier. Schuld ist immer der Kunde! Die großen Entertainment-Konzerne führten einen Gerichtsprozess nach dem anderen, als ob das ein nachhaltiges Geschäftsmodell wäre: Jammern und Klagen. Und sie beschränkten sich dabei nicht etwa auf die Chefpiraten, auf die Betreiber der Tauschplattformen, nein: Sie schreckten nicht davor zurück, die Nutzer der Plattformen massenweise zu verklagen, die auf diesem Weg in den Genuss ihrer Filme und Serien kamen. Aus legaler Sicht ganz zu Recht, keine Frage: Eine Gratiskultur ist in jeder Hinsicht das Letzte, was wir in der digitalen Welt brauchen.

Nur: Kunden werden nicht durch Klagen zu Fans, sondern durch Erlebnisse, die so attraktiv sind, dass man dafür zu zahlen bereit ist. Das Internet gibt es nun mal. Das kann man nicht verklagen und verhindern. Aber man kann es nutzen.

Und genau da kommt Netflix ins Spiel. Netflix jammert und klagt nicht, sondern tut genau das Gegenteil: Sie haben sich die Tauschbörsen zum Vorbild genommen. Weil sie gemerkt haben: Da ist ein Bedarf! Die Leute wollen sich das Entertainment nach Hause holen! Und dieser Bedarf ist so stark, dass Menschen bereit sind, dafür zu bezahlen – monatlich sogar. Wenn der Service, mit dem sie bedient werden, nur attraktiv genug ist.

Also tut Netflix das einzig Konsequente: Sie analysieren den Bedarf: Was laden die Leute bei diesen Tauschbörsen denn eigentlich runter? Welche Filme und Serien stehen da hoch im Kurs? Was kommt an bei den jungen, digitalen Nutzern? Womit können wir diese Generation einfangen?

Das Ergebnis sind selbstproduzierte Serien wie „House of Cards", die am Entertainment-Markt inzwischen das Maß der Dinge sind und Netflix innerhalb weniger Jahre zu einem Multimilliarden-Dollar-Unternehmen gemacht haben. Ganz ohne charismatische Leitfigur übrigens, deren Ausscheiden das Unternehmen seelenlos zurücklassen würde – ein Vorwurf, der vielen One-man-Shows unter den digitalen Giganten gemacht wird. Die Geschäftsidee von Netflix ist so genial, weil sie eine geniale Service-Idee ist.

So geht Service im digitalen Zeitalter:

- das Kundenverhalten analysieren
- den Bedarf identifizieren
- ihn als Service neu interpretieren

Die Paradebeispiele für Service im digitalen Zeitalter – von Netflix über Amazon bis hin zu Apples Siri – sind allesamt geniale Interpretationen eines Bedarfs, der in den meisten Fällen schon immer da war und vor der Digitalisierung nur nicht auf diese Weise bedient werden konnte – oder auch gar nicht. Und weil nahezu jedes Bedürfnis mit digitalen Mitteln neu interpretiert werden kann, ist auch unendlich viel Platz für neue Geschäftsmodelle. Der Wettlauf gegen die Zeit hat längst begonnen – auch in Ihrer Branche. Eine Chance werden Sie nur haben, wenn Sie konkurrenzlosen Service bieten können, den niemand kopieren kann.

Was bedeutet das übersetzt auf Ihre Industrie? Stellen Sie sich einmal die folgenden Fragen.

Kernfragen für den digitalen Wettbewerb

- Welcher Kundenbedarf liegt Ihrem Geschäftsmodell zugrunde?
- Wie lässt er sich digital neu interpretieren?
- Wie hat sich der Bedarf möglicherweise bereits verändert?
- Welchen neuen Service können Sie daraus ableiten?
- Wie kann der neue Service auf den Wert Ihrer Marke einzahlen?

Wenn Sie Antworten auf diese Fragen finden, muss die Digitalisierung Ihnen keine Angst mehr machen. Bis dahin aber zittern Sie völlig zu Recht. Digitale Piraten, die ihre Service-Identität nicht weiterentwickeln, werden früher oder später genauso untergehen wie analoge Copy-&-paste-Unternehmen vor ihnen. Die Lieblingsmarken werden in jeder Branche am Ende die sein, die am härtesten an sich arbeiten. Und sie werden es nur so lange bleiben, wie sie weiter hart an sich arbeiten.

BEST PRACTICE: LIFESTYLE ANALOG

Nun fragen Sie sich vielleicht: Geht das auch analog? Was ist denn mit den digitalisierungsfernen Branchen (soweit man davon überhaupt noch sprechen kann)? Was ist vor allem mit den Dienstleistungen, die sich (noch) nicht digitalisieren lassen? Mit den Restaurants zum Beispiel? Was ist mit den gefühlten 1000 italienischen Restaurants in Ihrer Stadt, die alle mehr oder weniger das Gleiche kochen und trotzdem überleben? Wie heben sich diese Restaurants vom Wettbewerb ab? Können wir von ihnen vielleicht lernen, wie man sich mit Service eine Alleinstellung verschafft, wenn die Produkte dafür keinen Spielraum mehr bieten? Können wir ihre Geheimnisse vielleicht sogar ins Digitale übertragen? Und wie wir das können! Vor allem von einem wie Pino kann jedes Unternehmen noch etwas lernen. Pino ist der Wirt meines Lieblingsrestaurants. Ich erinnere mich noch genau an meinen ersten Besuch bei ihm – als 16-jähriger Bub mit meinem Vater. Als waschechter Patrone begrüßt mich Pino schon am Eingang persönlich. „Ragazzo, bongiorno!“ Er gibt mir sofort das Gefühl: Wenn du über diese Schwelle trittst, dann bist du wichtig. „Wie heiße du, mio figlio?“

„Carsten“, erwidere ich ein bisschen schüchtern. So eine Begrüßung ist man als Deutscher ja gar nicht gewöhnt – damals schon gar nicht, als Herzlichkeit im Gastgewerbe hierzulande noch als merkwürdige südländische Schrulle galt. Und zunächst wundere ich mich: Warum fragt mich Pino nach meinem Namen? Die Frage beantwortet sich schon im nächsten Moment von selbst: damit er mich persönlich willkommen heißen kann. „Carsten, con Papa, bellissimo! Benvenuto!“

Und jetzt kommt der entscheidende Punkt: Seit diesem Moment hat Pino meinen Namen nie wieder vergessen. An diesem ersten Abend kommt er regelmäßig am Tisch vorbei, um nach mir zu sehen. „Ciao, Carsten – tutti bene?“ Wie ein echter italienischer Pate das eben so macht. Er kümmert sich um seine Schäfchen.

Klar, dass es bis zu meinem nächsten Besuch bei Pino nicht lange dauert. Wenn ich mich wohlfühle, dann komme ich wieder. Dann werde ich loyal. Und beim zweiten Mal empfängt Pino mich bereits derart warmherzig, dass ich mich fühle wie ein Stammgast. Und weil Pino mich schon als Neukunde vom ersten Moment an behandelt hat wie einen Stammgast, bin ich tatsächlich einer geworden. Im Laufe der Jahrzehnte, die seitdem vergangen sind, bin ich bestimmt 50 Mal bei Pino gewesen. So, wie dieser Mann mit mir umgeht, gibt es nur drei Möglichkeiten: Entweder habe ich eines Abends nach zu viel Hauswein seine Tochter geheiratet und weiß es nicht mehr. Oder ich bin Mitglied der Sizilianischen Mafia geworden und habe auch das vergessen. Oder aber Pino ist als Gastgeber so gut, dass es ein Alleinstellungsmerkmal ist. Denn genau das will ich doch, wenn ich zu ihm gehe: Ich will empfangen und umsorgt werden und lecker essen, wie es nur bei Pino geht.

Das ist der Italiener-Effekt! Das ist emotionale Bindung. Wir Teutonen bekommen die leider oft nicht so ganz vermittelt. Wenn Sie einen teutonischen Service Monkey fragen, was eine emotionale Bindung ist, dann muss der erst mal das Wort Service googeln. Aber wir können, wenn wir wollen. Sogar SEMO! Sobald wir verstehen, dass die Service-Kultur nicht ein Anhängsel, sondern der zentrale Kern jedes Geschäftsmodells ist.

SERVICE ist kein Produkt, Service ist LEBENSQUALITÄT.

WIE UNTERNEHMEN ZU LIEBLINGSMARKEN WERDEN

Der Aspekt einer Transaktion, der für den Kunden *wirklich* einen Mehrwert bietet, ist die Art und Weise, wie ein Produkt präsentiert und zum Leben erweckt wird. Und das ist auch in den produzierenden Unternehmen die Schnittstelle zum Service. Das Wie hängt ausschließlich am Menschen, der das Produkt präsentiert, nein: der für das Produkt steht. Der Mensch, der Mitarbeiter am Kunden, ist im Moment der Interaktion die personifizierte Marke. Die emotionale, gefühlte Service-Leistung ist heute die entscheidende Chance für Kundenbegeisterung. Und diese Chance lässt sich analog sogar noch besser nutzen als digital.

Service ist die Antwort. Wenn Sie es schaffen, Herzlichkeit und Qualität zusammenzubringen wie Pino, der Patrone, entsteht ein Markenwert, den kein Konkurrent kopieren kann. Herzlichkeit ist nämlich ein Persönlichkeitsmerkmal jeder Lieblingsmarken-Identität. Und Herzlichkeit ist nicht digitalisierbar.

Für
HERZLICHKEIT
gibt's keine
APP.

Wie wird Ihr Unternehmen zur Lieblingsmarke? Natürlich gibt es dafür kein Patentrezept. Doch die folgenden drei Punkte werden Ihnen ganz konkret dabei helfen, die Antwort für Ihr Unternehmen zu finden.

Drei Impulse für Service mit Lieblingsmarkenqualität

- Jede Begegnung zählt. Widmen Sie jedem Kunden bei jeder Begegnung fünf Sekunden Herzlichkeit, volle Zuwendung und ungeteilte Aufmerksamkeit. Das Internet weiß alles, und deshalb geht es immer um alles - bei jedem Kunden, bei jeder Begegnung.
- Bleiben Sie bei der Bedarfsanalyse nicht beim Was stecken, sondern machen Sie sich vor allem Gedanken über das Wie. Der gefühlte Gewinn an Lebensqualität beim Kunden steckt im Drumherum des Produkts, etwa den flankierenden Dienstleistungen. Das große Service-Wie steckt meist in der Antwort auf die wichtige philosophische Frage nach dem Warum verborgen: Warum braucht der Kunde Sie, Ihr Produkt oder Ihre Dienstleistung und Ihr Unternehmen?
- Kunden werden zu Fans, wenn sie mehr bekommen, als sie erwarten. Service als „added value" kostet oft wenig, zeigt aber große Wirkung auf die Kundenbindung. Großzügigkeit in Kleinigkeiten rechnet sich, weil der Kunde nicht damit rechnet - und gern darüber redet.

Service-Excellence ist eine Kultur, die das Alltagsleben der Kunden bereichert. Lieblingsmarken verkaufen nicht einfach Produkte; sie schreiben ihre Kunden in eine Geschichte hinein, die sich um ihr Leben dreht. Diesen Unterschied spüren die Kunden sofort – und honorieren ihn mit Loyalität.

Die goldene Regel auf dem Weg zur Lieblingsmarke lautet:

Schreiben Sie mit Ihren Kunden

GESCHICHTEN.

2. SERVICE IST IMMER PERSÖNLICH

WARUM SIE DAS ZIELGRUPPENDENKEN VERGESSEN KÖNNEN

Service kann Sie zur Lieblingsmarke Ihrer Kunden machen. Allerdings nur, wenn Ihr Service so individuell ist, dass er dieses Ziel bei jedem einzelnen Kunden erreicht. Damit das gelingt, verabschieden wir uns ab sofort von einem weiteren Dogma: dass Service für eine anonyme Masse namens „Zielgruppe“ gemacht wird, die man über einen Kamm scheren könnte. Denn auch das hat sich durch die Digitalisierung geändert – die Kunden sind inzwischen personalisierten Service gewöhnt. Sie erwarten, dass wir uns für sie als Menschen interessieren und unsere Angebote auf sie zuschneiden. Dass wir ahnen, was dieser eine Kunde wünschen könnte, bevor er es selbst weiß. Plötzlich ist Neugier eine Kernkompetenz – allen Bedenken hinsichtlich Datenschutz zum Trotz. In dieser Veränderung steckt eine weitere große Herausforderung für die Service-Philosophie Ihrer Marke: Von Standardmaßnahmen können wir uns getrost verabschieden – und vom Zielgruppendenken auch. Doch wie wird aus Service von der Stange Service-Excellence? Die Antwort ist eigentlich ganz einfach und doch eine lange Geschichte. Also fangen wir von vorn an. In der Zeit, als „Service“ nur ein anderes Wort für „kellnern“ war und der Kunde ein Durchlaufposten.

GÄSTEVERARBEITENDE INDUSTRIE ODER: DIE 100-JÄHRIGEN, DIE IN DEN BUS STIEGEN UND VERSCHWANDEN

Vor vielen Jahren, hinter den sieben Bergen bei den sieben Zwergen nahe Hinterzarten am Titisee, gab es einen Gasthof namens Hugenottenhof. Dort habe ich eine Ausbildung zum Kellner gemacht. Mein Ausbilder hieß Klaus-Dietrich. Klaus-Dietrich war der vielleicht beste schlechte Oberkellner der Welt. Ein SEMO vor dem Herrn: prozessverliebt, unflexibel und kundenfeindlich. Er war ungefähr so groß wie drei übereinander gestapelte Schwarzwälder Kirschtorten. Und Klaus-Dietrich hasste mich. Er hasste mich, und er ließ es mich spüren. Für mich war er die gastronomische Reinkarnation von Napoleon: genauso groß, genauso selbstherrlich und genauso arrogant.

Vor allem seinen zwei Erzfeinden gegenüber: mir und dem Gast. Service war für diesen Mann ein Fremdwort. Empathie lag ihm fern. Herzlichkeit kannte er höchstens aus der Serie „Die Schwarzwald-Klinik“, die damals ganz in der Nähe gedreht wurde.

Achtung, Spoiler: Meine Lehrzeit im Hugenottenhof war ein Horrortrip. Doch heute bin ich Klaus-Dietrich dankbar. Von ihm habe ich nämlich gelernt, wie Service *nicht* geht. Sein schlechtes Beispiel wurde mir zu einem Motto:

Professionalität ohne HERZLICHKEIT ist ARROGANZ.

Und Klaus-Dietrich war – hochprofessionell. Ihn als einen SEMO zu bezeichnen, wäre eine Untertreibung. Klaus-Dietrich war der König der SEMOs. Und er setzt alles daran, uns nach seinem Vorbild zu erziehen: eine Armee von SEMOs, gezüchtet im Höllental, um den herzlosen Service-Standard, Klaus-Dietrich-Style, in die Welt zu tragen.

Der Hugenottenhof sah aus wie das überlebensgroße Modell einer Kuckucksuhr: Klischee pur. Die meisten seiner Gäste waren die so-

genannten AARP-Gäste: American Association of Retired People. Und gegen die Art und Weise, wie sie im Hugenottenhof abgefertigt wurden, ist der Check-in nach Mallorca mit dem Billig-Ferienflieger ein Witz.

Der Hugenottenhof war eine Produktionsanlage der gästeverarbeitenden Industrie. Die Service-Routine dort gestaltete sich folgendermaßen: Mehrmals täglich fährt eine Busladung AARP oder Japaner oder auch Deutsche vor dem Hugenottenhof vor. Sie kommen immer in Bussen – großen, großen Bussen. Die meisten dieser Touristen sind jenseits der 70, die Amerikaner gern auch mal nahe an der 100. Und jedes Mal, wenn ein Bus ankommt, passiert Folgendes: Bustür auf, Touris raus – schnell, schnell. Bitte keine Grüppchen bilden, hier herrscht Versammlungsverbot! Notfalls geben wir den Herrschaften auch mal einen kleinen Schubs gegen den Rollator, damit es vorwärts geht.

Und schon folgt der erste wichtige Programmpunkt im Schwarzwaldgasthof-Standardprogramm: das obligatorische gegenseitige „Abschießen" vor der riesigen Kuckucksuhr Hugenottenhof fürs Familienalbum, mangels Smartphones noch mit echten Kameras.

Der nächste Punkt auf der Liste ist besonders wichtig (nicht so sehr für die Gäste, wohl aber für den Umsatz des Hugenottenhofs): Ab in den Kuckucksuhrenshop. Dort wird die Plastik-Kuckucksuhr mit Plastikgeld bezahlt. Im Rest von Deutschland wird man heute noch oft schief angesehen, wenn man mit der Kreditkarte zahlen will. Der Hugenottenhof nimmt damals schon alles. Mastercard, Visa, sogar American Express – nur her damit! Hauptsache, es geht schnell, denn das nächste Highlight im gedrängten Zeitplan wartet schon. Also raus aus dem Shop und rein ins Großraumrestaurant, einmal gerade durch bis auf die riesige, wirklich riesige Terrasse. Die ist mit ihrem spektakulären Blick auf eine Glasbläserei und eine wildromantische Schlucht hinunter ins Höllental wunderschön – für die Gäste. Viele der Greise würden allerdings wohl auch nicht merken, wenn es sich um eine Fototapete handelte.

Für uns Kellner ist die Terrasse einfach nur ein Alptraum, denn im Sommer hat es dort gern mal 40 Grad im Schatten. Wir nennen sie die „Golanhöhen". Ein Tag auf den Golanhöhen, in einer Polyester-Uniform samt Weste, die aussieht wie eine textilgewordene Blumenwiese, fühlt sich an wie ein Jahr. Und weil Klaus-Dietrich mich hasst, bin ich natürlich *immer* auf den Golanhöhen eingeteilt.

Weiter im gästeverarbeitenden Fließbandprogramm: Setzen, zack, zack! Irgendwann ist auch der letzte Invalide auf einem Platz in der gleißenden Sonne geparkt. Jetzt kommt der große Service-Moment – na ja, eigentlich der größte, den der Hugenottenhof zu bieten hat. Die Türen der Kuckucksuhrenküche öffnen sich und heraus kommt eine Schar polyesterummantelter Service-Kuckucks. Einer davon bin ich. In einer militärisch durchgeplanten Choreografie verteilen wir uns auf die Golanhöhen. Wie oft ich dabei über eine Krücke oder einen Rollator stolpere, ich kann es nicht zählen. Jetzt heißt es Bestellungen aufnehmen im Akkord. Die Menüs sind vorgegeben. Wenn einer ein veganes Gericht verlangen würde: Klaus-Dietrich würde ihn mitsamt Rollator den Abhang hinter der Terrasse runterschicken. Ab ins Höllental, zur Schluchtengaudi. Die Gäste haben also keine andere Wahl: Mund auf, Flädlesuppe rein, Obstler hinterher, Herzpillen nicht vergessen! Bei Bedarf eine kurze Reanimation und schnell wieder raus aus dem Restaurant. Wir nähern uns dem Ende des Showprogramms: Fix wieder runter auf den Parkplatz, rein in den Bus, Rollatoren ins Gepäckfach und Abfahrt. Auf Nimmerwiedersehen. Der nächste Bus wartet schon. Und dann der nächste und wieder der nächste.

So verliefen die Tage im Hugenottenhof – drei heiße Sommer meines jungen Lebens lang. Die emotionalen Höhepunkte in dieser Zeit erlebte ich, wenn mich mal wieder eine kurzsichtige Oma mit Sascha Hehn verwechselte – dem Darsteller des jungen Arztes aus der Schwarzwaldklinik, damals Schwarm aller Schwiegermütter. Drei endlose Jahre lang lernte ich, wie man nicht mit Gästen, mit Kunden umgeht. Und es sollte mir eine Lehre sein.

DER HÖLLENSTANDARD LEBT

Im Hugenottenhof konnte man es sich leisten, so mit den Gästen umzugehen. Da ging es ja nicht darum, dass der Kunde wiederkommt. Sondern darum, dass er schnellstmöglich wieder geht. Im Hugenottenhof habe ich gelernt, wie Kundenbindung *nicht* funktioniert. Und deshalb reagiere ich noch heute allergisch darauf, wenn sich Service für mich als Kunde so anfühlt wie die unpersönliche Massenabfertigung, die ich dort während meiner Ausbildung praktizieren musste. Denn der Höllenstandard-Service von der Stange ist keineswegs Geschichte. Die gäste- oder kundenverarbeitende Industrie gibt es noch immer, und leider nicht nur im Schwarzwald. Als Kunde erlebe ich sie häufiger, als mir lieb ist.

Es gibt zum Beispiel eine Frage, die mir als Kunde immer wieder gestellt wird – und ich kann sie nicht mehr hören. Weil ich sie etwa 200 Mal im Jahr höre. Gefühlt jedes einzelne Mal, wenn ich eine Nacht in einem fremden Bett verbringe. Nein, nicht was Sie denken – in einem Hotel. Manchmal, wenn ich in einem solchen Hotel einchecke, würde ich mir am liebsten die Ohren zuhalten. Denn ich kann den Dialog schon vorausahnen, der sich entspinnt, wenn ich an die Rezeption trete:

„Hatten Sie eine schöne Anreise?“, schallt es mir mit einem schlecht gespielten Lächeln von der Rezeptionistin entgegen. Na super, denke ich: wieder in einem SEMO-Tempel gelandet.

Und um die Frage zu beantworten: nein, hatte ich nicht. Denke ich – sagen würde ich es nicht, denn man muss den schlechten Service ja nicht noch durch schlechte Manieren befördern. Stattdessen bemühe ich mich auch um ein Lächeln. Leider wird es jedoch nicht erwidert, an diesem Tag, an dieser Rezeption. Stattdessen kann ich beobachten, wie die Rezeptionistin ihre Gastwahrnehmung auf Stand-by schaltet, während sie sich ihrem Bildschirm widmet. Da stellt sie mir diese Frage – was schon nervig genug ist – und dann hört sie mir noch nicht mal zu, wenn ich antworte!

Also beschließe ich, mir einen Spaß daraus zu machen. Ich entgegne der SEMO-Rezeptionistin, die ihre Ohren längst auf Durchzug geschaltet hat: „Ach, Sie ahnen es ja nicht. Beim Rausfahren aus der Einfahrt zu Hause habe ich die schwarze Katze vom Nachbarn überfahren. Ich glaube, das bringt wirklich Unglück. Beim Einparken in Ihrer Tiefgarage gerade habe ich nämlich einen 7er BMW gerammt. Sie wissen nicht zufällig, wem der gehört?"

Bei der Frage ist dann bisher noch jeder SEMO wieder wach geworden. Und aus Erfahrung kann ich berichten: Wenn Sie an dieser Stelle nicht sofort zu erkennen geben, dass Sie sich nur einen Scherz erlaubt haben, wird er sofort losrennen, um seinen Chef zu fragen, was er jetzt tun soll. Ganz besonders, wenn sein Chef zufällig einen 7er BMW fährt.

NIE AUFHÖREN NACHZUDENKEN – UND ZU ENDE ZU DENKEN

Spaß beiseite: Warum regt mich die Frage nach der Anreise so auf? Ganz einfach: Kein Mensch hat eine schöne Anreise! Früher, als wir mit dem Auto in den Familienurlaub nach Rimini fuhren, war das noch etwas anderes. Da war die Anreise noch ein Teil des Reiseerlebnisses. Da ging das Abenteuer tatsächlich schon vor der Haustür los – denn damals war Reisen noch ein Luxus. Sogar mit der alten Familienkutsche ohne Klimaanlage. Auf diesen endlos langen Autobahnfahrten genoss man noch jeden Kilometer in vollen Zügen. Diese Roadtrips gehören zu meinen schönsten Kindheitserinnerungen – vielleicht ist es bei Ihnen ähnlich. Damals ergab diese Frage noch Sinn: Hatten Sie eine schöne Anreise?

Aber heute? Ich bitte Sie! Das Reisen ist doch nur noch ein Routinevorgang. Wenn Sie auf eine Reise gehen, was wollen Sie denn wirklich? Sie wollen ankommen. Das ist ein großer Unterschied: reisen und ankommen. Wirklich gereist wird heute nur noch, wenn wir uns extra dafür eine richtige Auszeit nehmen, mit einem Mietwagen die Route 66 (oder die Eifel) entlangfahren und kein Ziel vor Augen haben, sondern einfach nur unterwegs sind. Aber wie oft machen wir das? Wenn wir routinemäßig in einem Hotel einchecken, sei es im Urlaub oder als Geschäftsreisende leicht identifizierbar im Business-Dress mit passendem Bord-Trolley, dann sind wir nicht Reisende, sondern Ankommende. Und als solche wollen wir beim Ankommen auf keinen Fall an die Anreise erinnert werden. An den Taxifahrer – im Zweifel schlecht gelaunt. An den Check-in am Flughafen – im Zweifel mit Übergepäck. An den Abflug oder die Abfahrt des ICE – im Zweifel mit Verspätung.

Hatten Sie eine schöne Anreise? Diese Frage zeigt mir, dass in diesem Hotel seit 1975 nicht mehr darüber nachgedacht wurde, wie man den Gast auf persönliche Art und Weise empfangen könnte. Sie ist wie der Service im Hugenottenhof: total unpersönlich. Doch SEMO checkt das nicht. SEMO bemerkt nicht meinen konsternierten Gesichtsausdruck, sieht nicht den Business-Trolley in meiner Hand und die Stressfalten auf meiner Stirn. SEMO macht einfach seinen Standardjob und stellt die Standardfrage, denn für SEMO bin ich als Gast nur ein Durchlaufposten. Eine Nummer.

BLINDLEISTUNGEN: GUTEN MORGEN, ZIMMER 783!

Wenn ich bei meiner Ankunft in einem Hotel mit dieser Frage begrüßt werde, weiß ich auch gleich, was am nächsten Morgen passieren wird. Da werde ich nämlich mit der Nase darauf gestoßen, dass ich als Gast nur eine Nummer bin. Denn mit welcher Frage werde ich begrüßt, wenn ich den von einem

SEMO bewachten Frühstücksraum betreten möchte? Genau: „Zimmernummer?!" Mit etwas Glück sagt SEMO vorher noch „Guten Morgen". Wenn er sich überwinden kann, lange genug von seiner Liste aufzublicken.

Das ist eine Service-Bankrotterklärung. Mehr noch: Die Identifikation über die Zimmernummer ist eine *Kriegserklärung* an den Gast! Ich nenne solche Maßnahmen in Dienstleistungsunternehmen „Blindleistung". Weil der ausführende SEMO im doppelten Sinne den Gast nicht sieht: Er nimmt ihn nicht als Persönlichkeit mit eigenen Bedürfnissen wahr. Und wenn er ihn keines Blickes würdigt, sieht er ihn womöglich tatsächlich auch physisch nicht.

Fehlt nur noch, dass ich als Gast vor dem Frühstücksraum eine Nummer ziehen darf und warten muss, bis ich aufgerufen werde: „Nummer 783 bitte an Tisch 12!"

Wenn Sie als Gast auf eine Nummer reduziert werden – wie fühlen Sie sich dann? Ich fühle mich dabei vernachlässigt. Da kann das Frühstück noch so gut sein – als Gast habe ich unwiderruflich das Gefühl, dass ich ein Durchlaufposten bin und sonst gar nichts. Ganz sicher fühle ich mich nicht willkommen. Und wieder ist eine Chance zur Kundenbegeisterung geplatzt – ein Moment der Wahrheit – verschenkt.

Viel zu viele Unternehmen verschenken viel zu viele MOMENTE der WAHRHEIT.

Oft wäre es so leicht, die Blindleistung in eine Begeisterungsmaßnahme zu verwandeln. So auch in diesem Fall. Natürlich gibt es einen Grund für die blöde Frage: Über die Zimmernummer will der SEMO vom Dienst klären, ob ich Frühstück inklusive habe oder exklusive. Das Muster der Blindleistung ist: Das Was wird zulasten des Wie in den Vordergrund gestellt. Hauptsache, der Prozess funktioniert; ob er den Gast glücklich macht, ist egal. Wenn der Gast brav die Zimmernummer preisgibt, kann SEMO die Lizenz zum Frühstücken überprüfen und ein Häkchen auf seiner Liste machen. Und dann kann es weitergehen, der Nächste bitte! Läuft bei SEMO. Aber das, worauf es ankommt, was alles entscheidet, das läuft ganz und gar nicht: das Wie. Nicht das Was, nicht die verdammte Frühstückslizenz, sondern das Wie entscheidet.

Das Wie *entscheidet über die Kundenbegeisterung.*

Solche Blindleistungen als Folge einer Fixierung auf das Was sind nicht nur ärgerlich für den Gast, sie sind in den meisten Fällen auch vollkommen überflüssig. Es macht überhaupt keinen Sinn, nach der Zimmernummer zu fragen. Warum fragt man Sie stattdessen nicht nach Ihrem Namen, wenn Sie den Frühstücksraum betreten? Den hören Sie doch viel lieber. Mit der Nummer können Sie doch gar nichts anfangen; die ist so relevant für Sie wie die Schuhgröße des Hoteldirektors.

Stellen Sie sich mal vor, die Kellner im Frühstücksraum oder abends beim All-inclusive-Dinner würden das auch noch durchziehen: „4, Kaffee oder Tee? 512, das Steak durch oder medium? 982, danke, dass Sie da waren!"

Ihr Name dagegen, der fühlt sich vertraut an. Und im Gegensatz zu Ihrer Zimmernummer können sich die meisten ihren Namen auch merken. Sicher kommt es darauf an, um welche Uhrzeit Sie frühstücken, aber die meisten können den eigenen Namen spätestens ab 8 Uhr morgens fehlerfrei artikulieren. Und darauf könnte SEMO Rücksicht nehmen, wenn ihm an persönlichem Service gelegen wäre. Es wäre so einfach, die Frühstücksliste alphabetisch statt numerisch sortiert auszudrucken. Das ist wirklich die einfachste aller Service-Regeln, so banal, dass ich Sie kaum ausformulieren mag:

Den KUNDEN immer mit NAMEN ansprechen. Immer!

Solche Blindleistungen wie die Nummer mit der Nummer sind die Spezialität von SEMO. Der Eingang zum Frühstücksraum ist sein Lieblingsposten. Die Liste durchgehen und ein Häkchen machen – das gefällt ihm. Dafür muss er sich nicht den Kopf zerbrechen, nicht in den Gast hineinversetzen, nicht mit Sonderwünschen auseinandersetzen. Nummern sind gut. Listen sind gut.

DAS ENDE DES ZIELGRUPPENDENKENS

Die Nummernmethode entspringt einem Denken, das in den meisten Unternehmen seit Jahrzehnten jede Überlegung dominiert: das Zielgruppendenken. Lange Zeit hat das auch ganz gut funktioniert. Doch dann kam die Digitalisierung – und hat auch in dieser Hinsicht alles verändert. Sie hat dem Zielgruppendenken den Garaus gemacht.

Dabei hätte das alles so schön werden können: Die zahlenverliebten SEMOs rieben sich schon die Hände, als die Digitalisierung in die Verwaltung der Kundendaten und die Marktforschung Einzug hielt. Der standardisierte Kunde war der feuchte Traum vieler SEMO-Dienstleister und -Kundendienstverantwortlichen. All die Zielgruppen- und Kundendaten würden ihnen endlich erlauben, ihre Gäste effektiv über einen Kamm zu scheren.

Doch es kam anders. Den idealen Kunden auf dem Reißbrett aufmalen und all seine Bedürfnisse voraussehen können – das mag eine schöne Fantasie in der frühen Euphorie um die Digitalisierung gewesen sein. Inzwischen wissen wir: Der „digitale Kunde“ ist kein gebenchmarkter Märchenprinz zum Selberbauen je nach Geschäftsmodell. Die Datenflut hat „den Kunden“, das unbekannte Wesen, keineswegs zu einem berechenbaren Maßstab gemacht. Ganz im Gegenteil: Je mehr Daten wir über unsere Kunden haben, desto anspruchsvoller wird der Service. Denn die digital verwöhnten Gäste – genau wie die digitalen Kunden in anderen Branchen – sind Individualität gewöhnt. In der Ansprache, in der Vorbereitung, im Service am Gast, im Beschwerdemanagement. In jedem Detail.

Was heißt das für den operativen Service?

Wenn der KUNDE sich nicht standardisieren lässt, lässt sich auch der SERVICE nicht standardisieren.

Was nicht heißt, dass wir keine Standards mehr brauchen – im Sinne von Qualitätsstandards zum Beispiel. Doch es heißt, dass wir die individuelle Anpassung von Service-Leistungen, die mit einer Interaktion einhergehen, nicht automatisieren, also einem digitalen Hirn überlassen können. Und auch keinem SEMO.

Es gibt klare Handlungsfelder, wo digitale Unterstützung und sogar Automatisierung den Service effektiv unterstützen können (siehe Kapitel 3). Doch den Kunden als standardisiertes Einheitsmodell ausrechnen können wir auch mit digitalen Mitteln nicht. Das Zielgruppendenken war schon immer eine Krücke, um sich dem unbekannten Wesen „Kunde" wenigstens anzunähern. Heute, da wir so viel über den einzelnen Kunden wissen, ist es – zumindest im Service – weitestgehend hinfällig. Service lässt sich nicht einheitlich für die Masse der Kunden vorausplanen.

Unternehmen aller Branchen können aus den Erfahrungen im Dienstleistungssektor lernen: Die digitalen Kunden setzen einerseits die persönliche Ansprache und individuell zugeschnittene Angebote voraus, die sie inzwischen von jedem Newsletter eines Online-Shops gewöhnt sind. Die Einbindung digitaler Werkzeuge ist also unumgänglich. Doch gleichzeitig bleibt die persönliche Interaktion als ultimative persönliche Service-Erfahrung unersetzbar.

Zum Beispiel reservieren Millionen Gäste ihren Tisch im Restaurant inzwischen online, etwa über entsprechende Apps. Zudem wünschen sich laut einer Umfrage der Michelin Plattform bookatable.de 53 Prozent eine bessere Integration moderner Technologie beim Restaurantbesuch, etwa beim notwendigen Übel des Bezahlungsvorgangs. Doch 86 Prozent der Restaurantbesucher sind derselben Umfrage zufolge auch heute noch der Meinung, dass beim Erlebnis Restaurantbesuch unverändert der persönliche Service zählt.[4] In dieser Dualität von digitaler Selbstverständlichkeit und individueller Anspruchshaltung steckt eine Herausforderung der digitalen Welt, auf die es keine schematische Antwort gibt. Service wird durch die Digitalisierung nicht etwa einfacher, ganz im Gegenteil: Die digitale Erwartungshaltung kommt auf die Erwartung an die persönliche Interaktion noch obendrauf. Auch die analoge Interaktion, vom Beratungsgespräch bis zur Restaurantbedienung, machen wir heute nach digitalen Maßstäben, also: hochgradig bunt.

DER HYBRIDE KUNDE

Zur digital-individuellen Erwartungshaltung kommt noch ein weiterer komplizierender Faktor hinzu: der hybride Kunde. Damit sind nicht etwa die leidenschaftlichen Prius-Fahrer gemeint, sondern eine neue Art von Kunde, dessen Ansprüche nicht konstant sind. Ein hybrider Kunde vereint sozusagen die Bedürfnisse verschiedener Zielgruppen in einer Person. Seine Bedürfnisse können je nach Anlass drastisch schwanken: Heute will er das eine, morgen das andere, und zwischendurch noch einmal etwas ganz anderes. Seine Anspruchshaltung ist also hochgradig situativ. Dementsprechend kann sie auch nur genauso situativ, also: vollkommen individuell bedient werden.

Der hybride Kunde stellt die Standardisierung auf der Prozessebene, die besonders in großen Unternehmen unverzichtbar ist, auf eine harte Probe: Für ihn müssen wir ständig flexibel bleiben. Das bedeutet, dass unsere Prozesse sehr anpassungsfähig gestaltet sein müssen. Gleichzeitig müssen sie auch noch unsichtbar sein. Prozesse sollten immer so diskret im Hintergrund bleiben, dass der Kunden nichts von der Anpassungsleistung bemerkt. Denn ihn interessiert die Mechanik hinter der Service-Leistung kein Stück.

Kundenzufriedenheit kennt keine Hindernisse, sondern nur Ergebnisse.

Den Kunden interessiert nur das Ergebnis, das sein Bedürfnis erfüllt oder eben nicht. Und diese Bedürfnisse verändern sich heute schneller und radikaler als jemals zuvor – und individueller, als irgendein Service-Trend sie jemals umfänglich erfassen und abdecken könnte. Eigentlich haben wir es also gleich mit zwei herausfordernden Typen zu tun: Der hybride Kunde ist nicht mehr ausrechenbar und der digitale Kunde hat keine Geduld mehr.

Um den oft schwankenden Bedürfnissen der hybriden Kunden und den komplexen Bedürfnissen der digitalen Kunden Rechnung zu tragen, brauchen wir einerseits Kreativität und den Mut, Neues zu wagen – insbesondere auf der technologischen Ebene. Und gleichzeitig brauchen wir das Einfühlungsvermögen und die Neugier der Mitarbeiter, die an den Touchpoints auf Tuchfühlung mit dem Kunden sind.

Deshalb haben wir ein riesiges Problem, wenn an diesen Touchpoints eben keine neugierigen, empathischen Kundenbegeisterer sitzen, sondern SEMOs. Dann scheitert die Mission „Service" nämlich bereits an der individuellen und situativen Bedarfsermittlung, die uns digitale Helferlein in vielen Fällen eben nicht effektiv abnehmen können.

Persönlicher Service ist **SITUATIV** und **INDIVIDUELL.**

Ein Beispiel verdeutlicht, wie dramatisch sich die verschiedenen Einflussfaktoren auf die Service-Strategie eines Unternehmens auswirken. Wenn etwa ein Business-Hotel sich auf *den* Manager ausrichtet, wer ist dann gemeint? Der COMO mit den grauen Schläfen im Maßanzug, der zum Lachen in den Keller geht und vor dem Schlafengehen seine Unterhosen symmetrisch in den Koffer faltet? Oder der junge Entrepreneur, der in Jogginghose beim Check-in aufschlägt und auf ein veganes Frühstück besteht, aber bitte nicht vor zehn Uhr?

Und jetzt kommt zusätzlich der hybride Kunde ins Spiel: Wieder ein anderer Geschäftsmann bucht für Geschäftsreisen vielleicht grundsätzlich das Budget-Hotel, während es beim Liebeswochenende mit der Verlobten in Paris nicht luxuriös genug sein kann.

Kein Wunder, dass SEMO nicht mehr klarkommt: Bei dieser Vielfalt ist jeder Versuch, den Kunden in eine Schublade zu stecken, zum Scheitern verurteilt.

SERVICE VON MENSCHEN FÜR MENSCHEN

Bleibt die Frage: Wie können wir dann überhaupt noch auf unsere Kunden eingehen? Wie holen wir sie situativ und individuell ab? Wie ist Kundenbegeisterung in dieser komplexen Ausgangslage überhaupt möglich? Es gibt darauf nur eine Antwort: indem wir unseren Kunden Persönlichkeiten gegenüberstellen, die genauso bunt sind wie die Kunden selbst. Also keine SEMOs.

Unser wichtigster Hebel, um der komplexen „Crowd“ von Kunden gerecht zu werden, sind also nicht die Prozesse. Das zentrale Handlungsfeld für besseren Service ist das Personalmanagement. Service wird von Menschen für Menschen gemacht – also sind die Menschen im Unternehmen unser wichtigstes Asset, um in Zukunft unsere Kunden zu begeistern.

Die Kundenerfahrung – die Geschichte, die Kunden mit ihrer Lieblingsmarke erleben – beginnt nicht erst bei der Definition von Prozessen und Qualitätsstandards, sondern viel früher.

Die KUNDENERFAHRUNG beginnt beim TEAMBUILDING.

Diese Erkenntnis wirft weitere Fragen auf: Was bedeutet das für die Auswahl und Ausbildung von Mitarbeitern im Service? Wenn das, was früher unsere (vermeintlich) mehr oder weniger homogene Zielgruppe war, nun eine heterogene Mischung von lauter bunten Persönlichkeiten mit ganz unterschiedlichen Erwartungen ist, wie wirkt sich das auf unsere Teams aus? Wie reagieren wir im Personalmanagement auf die Diversifizierung der Kundenerwartung? Wenn die digitalen Kunden eine bunte „Crowd" sind, kann das für die Talentauswahl nur eines heißen: Es gibt auch nicht *den* Mitarbeiter. Ein digitaler Nomade im T-Shirt will nicht von einem SEMO mit Stock im Hintern und Buchhaltermentalität bedient werden, der sich zwar mit Zahlen auskennt, aber nicht mit Menschen. Wo Unternehmen früher mit Gütesiegeln und TÜV-Plaketten punkten konnten, sind heute vor allem die individuellen Qualitäten des einzelnen Mitarbeiters gefragt. Die sind es letztlich auch, die auf Online-Bewertungsportalen wie Yelp bewertet werden.

Welche Unternehmen sind bei den digitalen Kunden besonders erfolgreich? Es sind jene, die

- das bunte Leben abbilden,
- die Individualität ihrer Kunden aufgreifen und
- ihr Leben aktiv bunter machen.

Die erfolgreichsten Unternehmen, von Apple über Netflix bis hin zu Motel One, beherrschen Vielfalt. Sie sind flexibel genug, um attraktiv für ganz verschiedene Kundentypen zu sein und gleichzeitig ein individuell anpassbares Erlebnis zu ermöglichen. Deshalb sind sie erfolgreicher als die Unternehmen, die sich krampfhaft an einer „Zielgruppe“ festhalten, die in Auflösung begriffen ist. Dazu gehören manche Rentner-Kaufhäuser mit ihrem Schema-F-Sortiment genauso wie die veränderungsresistenten unter den Grand-Hotels, in denen der junge Entrepreneur in Shorts sich fühlt wie ein Aussätziger. Sich auf einen Typ Kunde zu beschränken, funktioniert schon heute in kaum einer Branche mehr.

Wer seine HALTUNG nicht wechselt, wird AUSGEWECHSELT.

SEMOs digitale Fantasien wurden also enttäuscht: Durch die Digitalisierung und die neuen Kunden ist sein Leben nicht leichter geworden. Vielmehr geht es ihm nun richtig an den Kragen. Denn an ihm liegt es, ob sein Unternehmen in Zukunft erfolgreich sein wird. Entweder findet er den Draht zum Kunden – dabei können wir ihm helfen – oder der Kunde geht dahin, wo man ihn versteht. Unsere Teams sind unser größtes Pfund im Kampf um die digitalen und hybriden Kunden. Und aus dem gleichen Grund ist SEMO unser größtes Risiko.

Ein großartiges Team ist keine einförmige Masse von Anzugträgern mehr, deren herausstechende Eigenschaft die Ähnlichkeit mit ihrem vorgesetzten SEMO ist. Ein erfolgreiches Team ist heute eine Truppe von bunten Hunden. Der größte Wert von Service-Persönlichkeiten liegt nicht in den Ähnlichkeiten, sondern in den Unterschieden bei Lebensweg, Kompetenzen, Qualifikation, Eigenschaften und Charakter. Natürlich braucht es nach wie vor den qualitativen Rahmen um die Freiräume einer radikal kundenorientierten Führung (siehe Kapitel 5). Doch füllen können ihn nur Menschen, die den Kunden in ihrer ganzen Vielfalt auf Augenhöhe begegnen können. Weil sie genauso frei im Denken und Handeln sind wie die Kunden. Denn die haben immer die Wahl.

Also suchen wir nicht nach Mitarbeitern, die alten Standards ähneln – oder ihrem Chef. Das ist eine schlechte Angewohnheit des Monkey Business, wo Erfolg noch aus Anpassung entsteht. Machen wir Schluss mit dem Mythos vom „idealen Mitarbeiter".

Den „idealien Dienstleister" gibt es genauso wenig wie den „idealen Kunden".

STANDARDISIEREN – ABER RICHTIG

Nun denken Sie vielleicht: Individualisierung schön und gut, Personalisierung okay, Flexibilität von mir aus auch. Aber das kann man doch alles nicht standardisieren! Wie soll ich denn dafür sorgen, dass meine Mitarbeiter, vor allem die mit Kundenkontakt, das verinnerlichen? Und wie bringe ich das alles auch meinen SEMOs bei?

Meine Antwort in Kurzform: Standardisieren *allein* nützt nichts – setzt aber den richtigen Rahmen. Oft standardisieren wir einfach an der falschen Stelle und auf die falsche Art und Weise.

In COMO-geführten Unternehmen werden die Mitarbeiter regelrecht zu SEMOs geformt – durch Standardisierungsmaßnahmen auf der operativen Ebene, die genau das Gegenteil von Kundenbegeisterung bewirken. Die Folgen sind tragisch – zum Beispiel für den leidgeplagten Handel, der durch die digitale Konkurrenz besonders in Bedrängnis ist. Wie eine Untersuchung ergeben hat, nutzen 77 Prozent aller Konsumenten während des Einkaufens mobile Endgeräte, um Produktinformationen zu recherchieren.[5] Nicht etwa beim Online-Shopping, sondern im physischen Fachgeschäft! Nur 35 Prozent dagegen richten ihre Fragen zum Produkt an das Personal im Laden Und hier geht es wohlgemerkt um fachliche Produktinformationen, nicht um den Preisvergleich mit Online-Händlern.

Wie kommt es dazu, dass die Kunden so wenig Vertrauen zu einem Unternehmen fassen? Was machen wir falsch, dass sie lieber ihre Smartphones konsultieren und Produktinformationen im Internet oder gar anonymen Bewertungen von Unbekannten eher vertrauen als dem Experten direkt vor ihrer Nase?

Ein zentraler Grund sind natürlich schlechte Erfahrungen. Sie kommen durch Standardisierungsmaßnahmen zustande, die einer persönlichen Beziehung zum Kunden im Weg stehen und das Vertrauen untergraben.

Ein Beispiel, das bei mir immer wieder Kopfschütteln auslöst, sind die Namensschilder von Auszubildenden, auf denen steht: „Ich lerne noch." Denn was liest der Kunde *eigentlich,* wenn er das sieht? Er liest etwas ganz anderes, nämlich: „Ich bin doof. Ich bin sogar so doof, dass nicht mal mein Chef mir vertraut und dich, lieber Kunde, sicherheitshalber vor mir warnt." Kein Stück besser ist die virtuelle Fortsetzung dieser Unsitte: Email-Signaturen, die eine Mitarbeiterin zum Beispiel als „Schülerin im zweiten Lehrjahr" kennzeichnen. Leider ist es selbst bei Premium-Marken nicht unüblich, den ersten Eindruck des Kunden auf diese Weise zu schmälern.

Den Vogel hat bei diesem erstaunlich hartnäckigen Trend jedoch ausgerechnet IKEA abgeschossen, das sonst eher mit genialen Kampagnen und Service-Ideen auf sich aufmerksam macht. Nämlich mit einem T-Shirt[7], auf dem steht: „Temporary IKEA Co-worker. Please don't ask me hard questions."

Was wollen IKEA und all die anderen Unternehmen damit erreichen? Wollen sie den Mitarbeitern das Leben leichter machen? Oder doch eher Kundenbeschwerden vorbeugen? Wollen sie Service-Mängel abfangen, die durch schlechtes Training oder unterbezahlte Leiharbeit entstehen, indem sie die Kunden um Nachsicht für schlechte Führung bitten? Wer so denkt, schätzt nicht nur seine Mitarbeiter gering, sondern auch seine Kunden.

Da könnte IKEA den Mitarbeitern auch gleich ein T-Shirt anziehen, auf dem steht: „Ich bin ein SEMO – bitte nicht ansprechen!"

DEN KUNDEN AUF DEN ARM GENOMMEN

Stellen wir uns einmal vor, ein deutscher Premium-Autobauer würde das machen. Sie holen Ihren nagelneuen, teuren Wagen ab, und auf der Motorhaube prangt ein großes Schild: „Gebaut von Azubis." Würden Sie mit einem guten Gefühl vom Hof des Händlers fahren? Eher nicht. In der produzierenden Industrie käme kein Mensch auf die Idee, das Produkt auf diese Weise abzuwerten. Warum? Weil es den Kunden nicht interessiert, wie das Ergebnis zustande gekommen ist. Er *will* ein perfektes Produkt. Er *will* die Marke lieben. Und ganz bestimmt nichts hören, das sein Kundenerlebnis schmälert. Wenn er ein großartiges Auto bekommt, ist es ihm völlig egal, wer am Fließband stand – warum sollten wir es ihm also unter die Nase reiben?

Ein weiteres Beispiel: Nehmen wir an, ein Arzt in Ausbildung operiert Ihren Blinddarm – oder blind Ihren Darm, je nach Sichtweise – und Sie wachen auf, haben Schmerzen, etwas ist schiefgegangen. Doch der Oberarzt beschwichtigt Sie lächelnd: „Ihr Operateur lernt noch, das kann schon mal passieren – nehmen Sie es uns nicht übel!" Finden Sie Ihre Schmerzen jetzt weniger schlimm? Natürlich nicht. Die Beschwichtigung nützt Ihnen als Patient, als Kunde, rein gar nichts, denn sie ändert nichts am Ergebnis.

Warum sollte das im Service anders sein?

Die Arbeit mit Menschen für Menschen hat viel mit Erfahrung zu tun. Niemand wird das bestreiten. Die meisten Kompetenzen, die exzellenten Service ausmachen, lassen sich erlernen und fortlaufend schulen. Je mehr sie trainiert und je länger sie praktiziert werden, desto besser wird der Service – solange dabei gleichzeitig auch die Neugier und die Bereitschaft zur Veränderung erhalten bleibt, sich also keine stumpfe Routine einstellt. Keine Frage: Übung macht den Meister, auch im Service. Doch im Service gilt genauso wie für jedes Produkt:

Es gibt keine SCHONFRIST für das ERGEBNIS.

Jedenfalls nicht aus Sicht des Kunden und vor allem nicht für den ersten Kontakt. Wenn der nicht begeistert, wird es keinen zweiten geben. Ein Kunde ändert seine Erwartungshaltung an das Unternehmen nicht, nur weil er einen unerfahrenen Mitarbeiter vor sich hat. Ihn interessiert nur das Ergebnis: Er will exzellenten Service. Oder haben Sie einen Kunden schon mal einen der folgenden Sätze sagen hören?

„Sie lernen noch? Dann sehe ich natürlich darüber hinweg, dass Sie mir als Allergiker gerade ein Gericht mit Nüssen serviert haben."

„Sie sind noch in Ausbildung? Dann schneiden Sie mir die Haare ruhig krumm und schief, die wachsen ja nach."

„Ach so, Sie machen das noch nicht lange? Dann lassen Sie sich mal ruhig Zeit, ich habe ja sonst nichts vor."

Es ist Blödsinn zu glauben, dass Kunden zufriedener wären, wenn sie auf mangelnde Erfahrung oder Kompetenz aufmerksam gemacht werden. Nicht beim Autokauf, schon gar nicht nach der Blinddarm-OP und ganz besonders nicht bei einer so persönlichen Interaktion wie Service. Wer auch immer zuerst auf die Idee mit den brandmarkenden Namensschildern vom Schlag „Ich bin doof!" gekommen ist, hat vergessen, die Perspektive des Kunden einzunehmen.

MAULKORB FÜR DEN MITARBEITER

Noch schlimmer ist die Wirkung eines solchen Namensschildes auf den Mitarbeiter. Machen Anfänger eher Fehler als erfahrene Mitarbeiter? Klar. Doch für den Kunden spielt es keine Rolle, wer einen Fehler macht. Es spielt dagegen sehr wohl eine Rolle, wer sich um ihn kümmert.

Die wichtigste Ebene beim Service ist die Beziehungsebene. Sie ist die Grundlage für persönlichen Service. Und wenn sie von vornherein torpediert wird, kann der Service noch so gut sein: Der Kunde wird trotzdem glauben, dass er einen Service zweiter Klasse erlebt hat. Entsprechend wird er dem Mitarbeiter auch begegnen.

Der wird also aus beiden Richtung abgewertet: von seiner Führung und vom Kunden. Ein Mitarbeiter, zumal ein junger Mensch, der so herabgewürdigt wird, wird sich auch nichts trauen. Im Kontakt mit dem Kunden ist er ja von vornherein in einer schlechten Position.

Die Konsequenz: Der Kunde wird ebenso auf den Azubi herabblicken wie die Führung und ebenso Fehler erwarten. Und selbst wenn der Mitarbeiter eine tolle Idee hat, um den Kunden zu überraschen – er wird sie lieber für sich behalten, um nur ja seine Kompetenzen nicht zu überschreiten. Das Namensschild wirkt wie ein Maulkorb. Kunde unzufrieden, Mitarbeiter gedemütigt, Chance zur Kundenbegeisterung vertan – niemand profitiert von Beschwichtigungsmaßnahmen im Service. Bis auf einen: SEMO. Der findet so ein Namensschild klasse – weil es ihm die Verantwortung von den Schultern nimmt. Der Kunde hält mich sowieso für blöd, also muss ich auch nicht abliefern. Hurra!

VERTRAUEN IST DER BESTE STANDARD

Die Namensschilder, Email-Signaturen und T-Shirts sind Paradebeispiele falsch verstandener Standardisierung. Sie verkaufen nämlich nicht nur den Mitarbeiter *als* blöd, sondern auch die Kunden *für* blöd. Denn die durchschauen natürlich, dass es sich dabei in Wahrheit um eine Beschwichtigungsmaßnahme handelt. Und das wirft ein ganz, ganz schlechtes Licht aufs Unternehmen – viel mehr als ein Azubi, der vielleicht tatsächlich mal nicht alles hundertprozentig richtig macht. Wenn Sie den richtigen Auszubildenden eingestellt haben, macht er einen Fehler nämlich mit seinen persönlichen Stärken wieder wett. Das meine ich, wenn ich sage: Mitarbeiter müssen die Freiheit haben, mit ihren Stärken zu glänzen. Ein Fehler kann jedem mal passieren, aber den kann ein Mitarbeiter mit Charme und Humor oder besonderen Talenten wieder ausbügeln und dabei sogar noch Sympathiepunkte sammeln. Wirklich gefährlich wird es beim *Fehlverhalten.* Und dagegen, etwa gegen unhöfliche Kommunikation oder Faulheit, hilft auch kein Namensschild.

Fehler beim Was *verzeiht der Kunde – Fehlverhalten beim* Wie *aber nie.*

Ein Mitarbeiter dagegen, der sich des Vertrauens seiner Vorgesetzten gewiss ist, strahlt Zuversicht in seine Fähigkeiten aus. Das Vertrauen stärkt seine Haltung. Wird der Kunde von einem haltungsstarken Mitarbeiter bedient, wirkt sich das direkt positiv aufs Image des Unternehmens aus. Denn in diesem Moment und bei jedem Kundenkontakt, *ist* der Mitarbeiter die Marke. Auch, wenn er erst seit gestern dabei ist.

Service braucht die Augenhöhe.

Und das gilt zwischen Mitarbeiter und Kunde genauso wie zwischen Mitarbeiter und Führung.

BEZIEHUNGSARBEIT LEISTEN

Standardisierung geht, wo sie sein muss, immer auch positiv – und sie kann den persönlichen Service sogar unterstützen. Denn Standardisierung und Personalisierung schließen sich keineswegs aus.

Selbst ein Namensschild – eigentlich eine Etikettierungsmaßnahme – muss keineswegs unpersönlich sein. Immerhin ist der Ursprungsgedanke dieser Maßnahme ja, dass der Kunde auf den ersten Blick sieht, mit wem er es zu tun hat. In den Kameha Grand Hotels wurde diese Stellschraube einen Dreh weitergedacht. Dort tragen alle Mitarbeiter eine ganz andere Art von Namensschildern.

Wie Sie sehen, steht auf diesen Schildern nichts, das auf den Platz dieses Angestellten in der Hierarchie schließen lassen würde. Das wäre für die Tätigkeit der meisten Mitarbeiter mit ständigem Kundenkontakt nämlich eher störend als hilfreich – führt es doch bei Kunden mit Redebedarf schnell zu Ansagen wie: „Ich möchte mit Ihrem Vorgesetzten sprechen."

Dafür steht auf unseren Namensschildern etwas ganz anderes, das den Beziehungsaufbau nicht stört, sondern ihn ganz gezielt unterstützt. Statt „Azubi", „Customer Relations Manager" usw. steht auf den Schildern, welche besonderen Interessen oder Talente dieser Mitarbeiter hat. Das überrascht die Kunden, und schon kommt ein Gespräch in Gang. Eine Beziehung wird aufgebaut.

Der psychologische Mechanismus dahinter ist ganz simpel: Solange ich über einen Menschen nichts weiß als seine Position in der Hierarchie oder was ich standardmäßig von ihm erwarten kann (etwa, dass er mir ein Glas Wasser bringt), fließen auch keine anderen Aspekte in die Interaktion ein. Im Zweifel habe ich als Kunde also eine anonyme Uniform vor mir, deren einzige mir bekannte Kompetenz die Ausführung einer bestimmten Aufgabe ist: Aha, ein Kellner – der bringt mir Wasser! So gesehen sind Verkäufer oder Kellner aus Kundensicht oft nicht viel mehr als Roboter: Sie erfüllen eine bestimmte Funktion, von der ich als Kunde noch dazu eine bestimmte Vorstellung habe. Läuft es aus irgendwelchen Gründen mal anders, bin ich als Kunde schnell irritiert und im schlechteren Fall auch schnell unzufrieden. So wird das natürlich nichts mit der persönlichen Beziehung zwischen Kunde und Unternehmen. Solange wir nichts tun, was uns von Robotern unterscheidet, können wir auch durch welche ersetzt werden.

Ganz anders, wenn ich als Kunde spüre, dass ich einen „echten Menschen" vor mir habe, der nicht auf das spritzerfreie Eingießen von Wasser reduziert ist. Sondern eine ganze Persönlichkeit, die als Botschafter des Unternehmens für die Marke steht. Die Persönlichkeit des Mitarbeiters macht die Marke nahbar, interessant und emotional. Eine Beziehung entsteht, auch wenn es nur für ein paar Minuten ist. Doch die gefühlte Beziehung zum Unternehmen wirkt nach und hält über die Transaktion hinaus an – wenn der Mitarbeiter mit seiner Persönlichkeit zum Unternehmen passt und einen positiven Eindruck hinterlässt.

Im operativen Klein-Klein des Service-Alltags gerät das oft in Vergessenheit: Jeder Mitarbeiter ist ein „Markenbotschafter". Dieser Begriff stammt aus der Markenkommunikation; gebräuchlicher, aber auch missverständlicher ist das geflügelte Wort vom „Mitunternehmer". Im Kontext von Service finde ich einen dritten Begriff oft treffender: „Beziehungsverantwortlicher" oder auch „Verantwortlicher Kundenbegeisterer". Denn genau darum geht es doch: die Beziehung zwischen Unternehmen und Kunde. Herzlichen Service können wir nur bieten, wenn wir eine Beziehung zum Kunden aufbauen. Und wirklich persönlich kann diese Beziehung erst werden, wenn wir dem Mitarbeiter auch erlauben und ihn sogar ermutigen, seine Persönlichkeit einzubringen. Dafür kann ein Namensschild natürlich nur ein Anstoß sein; die Kommunikationsarbeit liegt immer noch beim Mitarbeiter. Doch dieser Anstoß öffnet den Service für die persönliche Dimension, die entscheidend für die Kundenbindung ist. Jeder Standard kann so gestaltet werden, dass er die persönliche Dimension einer Serviceleistung unterstützt. Ein Standard an sich ist erst einmal unpersönlich, Standard geht jedoch immer auch persönlich.

Warum honoriert der Kunde Persönlichkeit im Service? Aus zwei Gründen. Indem ich ihm in Person des Mitarbeiters statt einer anonymen Uniform einen ganzen Menschen mit Stärken und Talenten gegenüberstelle,

- zeigt sich die Marke als Persönlichkeit, und der Kunde kann sich besser mit dem Unternehmen identifizieren,
- und der Kunde spürt, dass auch er sich als Persönlichkeit zeigen darf und als solche geschätzt wird, nicht nur als „zahlender Kunde".

Das alles funktioniert natürlich nur, wenn Ihre Mitarbeiter

- mit ihrer Persönlichkeit zum Unternehmen passen und
- in den Standards so weit geschult sind, dass sie ihre Persönlichkeit entspannt und überzeugend einfließen lassen können.

Ein Vertriebsmitarbeiter, der die eigenen Produkte nicht in- und auswendig kennt, oder ein Kellner, der keinen passenden Wein empfehlen kann, wird auch von seiner einnehmenden Persönlichkeit nicht gerettet. (Er wird allerdings manchen kleinen Fehler oder Fauxpas wiedergutmachen können, wenn er seine Persönlichkeit einzusetzen weiß.) Das meine ich, wenn ich sage: Standards und Persönlichkeit schließen einander nicht aus. Idealerweise gehen sie immer miteinander einher.

SEMOs haben oft kaum Probleme bei den Standards – denn sie lieben sie ja. Dafür bereiten ihnen die persönlichen Aspekte von Service umso größere Schwierigkeiten. Entweder haben sie die falsche Haltung und können deshalb das Unternehmen nicht mit ihrer Persönlichkeit unterstützen. Oder aber sie sind gehemmt und wissen einfach nicht, wie – weil ihre Führung es ihnen nicht beigebracht hat. Mängel beim Standard sind immer leichter zu korrigieren. Die schwierigere, aber umso wichtigere Aufgabe der Führung ist Unterstützung bei der persönlichen Dimension von Service.

EXZELLENTE STANDARDS UND EXZELLENTE PERSÖNLICHKEITEN VEREINEN

Es gibt Unternehmen, die das Thema Standardisierung sehr überzeugend, weil sehr persönlich umsetzen – also ganz ohne SEMO-Faktor. Das ultimative Beispiel hierfür ist Singapore Airlines, die beste Airline der Welt. Das ist die Airline, deren Flugbegleiter selbst aus nächster Nähe aussehen, als wären sie in einer Kunstmanufaktur hergestellt worden: wie besonders luxuriöse Cyborgs mit programmiertem Lächeln. Nicht weil sie so mechanisch wirken, sondern weil sie in ihrer Professionalität einfach durch nichts zu erschüttern sind.

Ein offensichtlich schmerzfreier Passagier drückt der Flugbegleiterin beim Verteilen des Essens eine volle Windel in die Hand? Kein Thema – der Flugbegleiterin wächst sofort ein dritter Arm, und die Windel wird in einer fließenden Bewegung desinfiziert und hermetisch versiegelt entsorgt, bevor die übrigen Passagiere auch nur einen Hauch des Gestanks wahrnehmen. Ein Fluggast will unbedingt noch einen Whisky, obwohl er ganz offensichtlich schon drei oder dreizehn hatte? Macht nichts – nach der Ansage der Singapore-Flugbegleiterin wird er noch besser drauf sein und in süße Träume versinken, obwohl er eigentlich gerade eine Standpauke bekommen hat. Die Maschine muss notwassern und Sie müssen vor dem Sprung auf die Notrutsche Ihre sündhaft teuren High Heels ausziehen? Don't worry – die freundliche Dame von Singapore Airlines wird Ihre Schuhe trocken an Land bringen, während sie mit der anderen Hand zwei Großmütter und zwölf Babys vor dem Ertrinken rettet.

Kein Wunder, dass wir diese Damen und Herren für Roboter halten. Doch ich kann Ihnen versichern: Die sind vielleicht aus einem anderen Holz geschnitzt als normale Menschen, aber sie sind ganz und gar aus Fleisch und Blut. Wer sie einmal persönlich erlebt hat, weiß: Diese Mitarbeiter sind ganz und gar keine Service-Roboter, sondern echte Service-Persönlichkeiten. Extrem professionell wirken sie deshalb, weil bei ihnen die Mischung stimmt: Sie haben die Kombination aus Herzlichkeit und Qualitätsprozessen einfach richtig gut drauf.

LOB DES STANDARDS

Für eine Fernsehreportage war ich einmal zu Gast bei Singapore Airlines und durfte dort einen Tag lang hinter die Kulissen blicken. Einer der Manager führte mich durch das Weltklasse-Ausbildungszentrum der Airline. Auch bei der Ausbildung der Flugbegleiter und Flugbegleiterinnen, der berühmten Singapore Girls, durfte ich zuschauen – in der berüchtigten, härtesten Flugbegleiterschule der Welt. Eine Szene ist mir besonders in Erinnerung geblieben: Zu Beginn des Ausbildungstages müssen sich die Flugbegleiterinnen in Ausbildung in einer Reihe aufstellen und ihr bestes Lächeln präsentieren. Und dann kommt Juat, die Ausbildungsleiterin. Sie überprüft nicht nur den Gesichtsausdruck („Freundlich und süß, bitte! Süßer! Noch süßer!"), sondern auch die Fingernägel. Denn deren Länge ist streng standardisiert: auf drei Millimeter. Mit einem Quäntchen Mitleid beobachte ich, wie Juat eine der jungen Frauen mit gefühlten minus drei Grad in der Stimme fragt: „Was genau ist missverständlich an drei Millimetern?" Nicht weniger streng sind die Regeln für den akkuraten Dutt, aus dem kein einziges Haar unordentlich hervorstehen darf. Der misst im Durchmesser 6,57 Zenti-

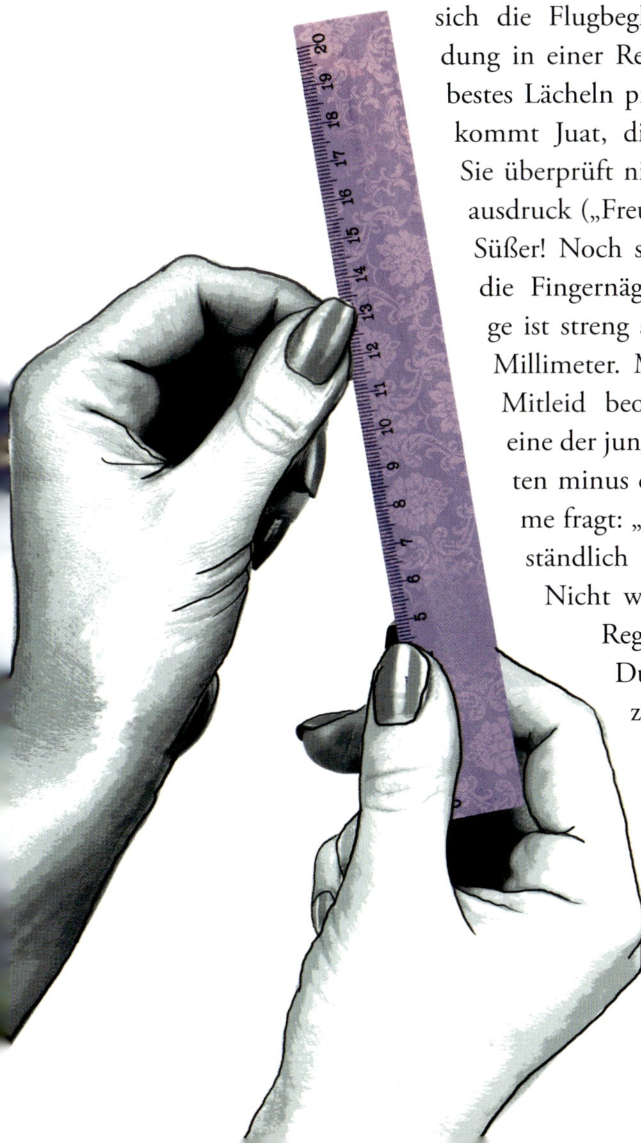

meter. Nicht 6, nicht 6,5, nein: 6,57 Zentimeter. Und das überprüft die Beauty-Trainerin mit dem Lineal.

Natürlich sind das nur Randaspekte der Service-Ausbildung, doch sie zeigen: Auch und gerade die weltbeste Airline mit dem persönlichsten Service kennt bei den Standards kein Erbarmen. Obwohl es bei Gästen, die für einen einzigen Flug in der First Class Preise bis zum Gegenwert eines Gebrauchtwagens bezahlen, darauf viel weniger ankommt als auf die persönliche Kommunikation und Betreuung.

Das kann man natürlich pingelig finden. Man kann sogar sagen: Das ist doch das Gegenteil von individuell, menschlich und herzlich. Doch diese formalen Standards gibt es nicht, weil ein halber Millimeter Abweichung bei den Fingernägeln den Gast stören würde. Die Ausbilder achten auf die Standards, weil sie eine Frage der Haltung sind.

Die STANDARDS schulen die HALTUNG.

Pingelig genau auf die Standards zu pochen schärft bei den Mitarbeitern den Blick fürs Detail. Sie spüren schon in der Ausbildung, dass jede vermeintliche Kleinigkeit zählt. Durch die regelmäßigen Überprüfungen lernen sie, nie nachzulassen. Sie vertiefen die standardmäßigen Routinen so lange, bis sie ihnen in Fleisch und Blut übergegangen sind. Und das ist immer die Grundlage für exzellenten Service. Seine Persönlichkeit nutzen, am Gast flexibel sein und das Besondere leicht und entspannt aussehen lassen – das gelingt erst, wenn die Standards perfekt funktionieren. Zum Alleinstellungsmerkmal wird Service zwar erst jenseits der Standards. Doch genau deshalb ist es so wichtig, Letztere zu schulen.

Wie gesagt: Exzellenter Service ist immer auch harte Arbeit. Ganz besonders dann, wenn er ganz leicht aussieht.

Den Schweiß des Meisters sieht man nicht.

Und woher kommt bei den Singapore Girls die Persönlichkeit? Was macht die besondere Haltung aus, die ihren Service so außergewöhnlich macht? Die Antwort liegt in der Unternehmenskultur von Singapore Airlines als „National Carrier", also nationale Airline, begründet: Ein Singapore Girl zu sein, ist keineswegs ein Job von der Stange, auch wenn die Outfits standardisiert sind. Jede einzelne der Damen wird von ihren Landsleuten als etwas Besonderes angesehen. Weil es wahnsinnig schwer ist, diesen Job überhaupt zu bekommen – und weil er als extrem repräsentativ betrachtet wird. Denn die Singapore Girls sind der Stolz ihres Landes – so ähnlich wie eine Nationalmannschaft. Sie sind der Inbegriff der singapurischen, höflich-eleganten Art. Die Verantwortung dieser Mitarbeiter geht sogar noch deutlich über die für ihr Unternehmen hinaus. Wenn sie ihre Ausbildung abschließen, bekommen sie eine persönliche Message vom Premierminister, die besagt: „Du bist unsere Botschafterin. Du repräsentierst jetzt dein Land. You are Singapore!" Das geht nicht ohne Persönlichkeit. Und es geht eben auch nicht ohne Standards.

Als ich vor einiger Zeit China besuchte, entdeckte ich dort sozusagen das männliche Pendant der Singapore Girls. Diese jungen Herren sind chinesische Soldaten aus einer besonderen Gardeeinheit, die öffentliche Gebäude von nationaler Bedeutung bewacht. Deshalb legen die Vorgesetzten bei ihnen – ähnlich wie bei den Flugbegleiterinnen des asiatischen Nachbarstaats – besonders großen Wert auf ein repräsentatives Äußeres. Deshalb geht es in dieser Einheit in puncto Outfit noch strenger zu als beim Militär ohnehin üblich.

Ich gebe zu, ich fand es durchaus amüsant dabei zuzusehen, wie die Kameraden einander die Uniform zurechtzupften – weil der Faltenwurf unterm Gürtel offenbar nicht optimal war. Doch ich war auch fasziniert. Denn der Blick fürs Detail ist eben keine lächerliche Nebensächlichkeit. Er ist Ausdruck einer Haltung, die den Wesenskern von Service beschreibt: Nur das Beste ist gut genug – immer und überall.

Wir wollen heute besser sein als gestern und morgen besser als heute.

Am Ende meines Tages bei Singapore Airlines fragt mich der Service-Manager, der mich herumgeführt hat: „Carsten, wie findest du das alles hier? Können wir aus deiner Sicht irgendetwas verbessern?" Allein die Frage ist bereits ein Zeichen echter Exzellenz: Egal wie gut wir sind – wir sind immer offen für Verbesserungen. Ich antworte ihm: „Einen eurer Standards finde ich tatsächlich ein wenig befremdlich. Eure Mädels gehen immer auf die Knie, wenn sie dem Gast ein Getränk servieren. Auf mich als Europäer wirkt das schon sehr devot." Seine Antwort beschert mir einen echten Aha-Moment: „Mit devot hat das gar nichts zu tun, Carsten. Auf diese Weise gehen die Singapore Girls auf Augenhöhe mit dem Gast!"

Persönlicher Service ist eben auch eine Frage der Betrachtungsweise – und immer eine Frage der Haltung. Persönlichkeit und Standards sind keine Gegensätze.

Wenn der richtige
STANDARD
auf die richtige Haltung trifft, entsteht etwas
EINZIGARTIGES.

Bei einem Flug mit Singapore Airlines einige Zeit später kann ich mich davon überzeugen, dass sogar das Konfliktmanagement an Bord dort einzigartig gehandhabt wird. Ich bin müde und möchte vor allem ein wenig Ruhe finden. Daher bin ich dankbar, als das Kabinenlicht gedimmt wird. Das Pärchen in der Reihe vor mir augenscheinlich auch – allerdings aus ganz anderen Gründen. Denn die beiden haben sich lieb. In diesem Moment haben sie sich sogar ganz besonders lieb. So richtig lieb. Sie wissen, was ich meine.

Und wie reagieren die Singapore Girls auf das unziemliche Verhalten der beiden Passagiere? Fragen wir uns doch vorab einmal: Was würde ein SEMO tun? Wie würde ein schlecht gelaunter deutscher Flugbegleiter wohl reagieren? Ich sehe es regelrecht vor mir: Vermutlich würde er sich für alle Passagiere sichtbar vor diesen beiden Gästen aufbauen und bellen: „Stellen Sie auf der Stelle den Geschlechtsverkehr ein!" Nicht die Singapore Girls. Sie beobachten das bunte Treiben diskret aus der Entfernung. Dabei kichern sie untereinander wie schüchterne Schulmädchen – the Asian way – und entfernen sich dann unbemerkt. Doch kurz darauf wird es interessant. Plötzlich geht das Kabinenlicht an und der Kapitän meldet sich über den Bordfunk zu Wort: „Meine Damen und Herren, bitte schnallen Sie sich wieder an. Stellen Sie Ihren Sitz aufrecht und falten Sie Ihren Tisch zusammen. Und die Decken bitte auch. Wir erwarten *heftige* Turbulenzen!"

Ich blicke aus dem Fenster: Der Ozean liegt seelenruhig unter uns. Keine Turbulenzen, nirgends.

Es geht eben nicht in erster Linie um das Was – es geht immer vor allem um das Wie.

Beim Wie *ist jede Menge Raum für Persönlichkeit.*

DIE KUNDEN ÜBERRASCHEN: MIT STANDARDS BEGEISTERN

Mitarbeiter, die Kunden mit ihrer Persönlichkeit begeistern, sind der wichtigste Hebel für Service-Excellence. Manche Unternehmen schaffen es zusätzlich, sogar den Standards selbst Persönlichkeit einzuhauchen. Das ist die ganz hohe Schule einer begeisternden Markenidentität. Viele Standards sind für den Kunden einfach nur nervig, denn sie gehen mit Prozessen einher. Die Sicherheitsvorkehrungen im Flugzeug sind dafür ein Paradebeispiel. Kein Mensch hört da richtig zu, oder? Die „Safety Procedures" sind ein Störfaktor in der Service-Erfahrung, der keinen interessiert. Doch gleichzeitig sind sie unverzichtbar, denn Sicherheit ist an Bord jedes Flugzeugs das Wichtigste. Für die Airlines ist das ein handfestes Problem: Wir Passagiere sind von dem Standard genervt und hören deshalb nicht zu. Doch wenn dann wirklich mal etwas passiert, wissen wir nicht, was wir tun müssen – egal, wie oft wir geflogen sind. Und dann bricht das Chaos aus. Viele Videos von kritischen Flugsituationen, die in der Kabine aufgenommen wurden, zeigen das: Bei einem Zwischenfall schauen die Fluggäste sofort verzweifelt um sich, weil sie nicht wissen, was sie

jetzt tun müssen. Dabei wurde es ihnen zigmal gezeigt. Statt unaufgeregt die nötigen Maßnahmen zu ergreifen, werden bei den ersten ernstzunehmenden Turbulenzen noch die radikalsten Atheisten zu bekennenden Christen. Aber wie man die Sicherheitshaltung einnimmt, wissen sie trotzdem nicht.

Bei Virgin Airlines – der Fluggesellschaft von Superunternehmer und Vorzeigemilliardär Richard Branson – haben sich die Verantwortlichen gefragt: Was kann man da tun? Wie kann man diese blöde Demonstration kundenfreundlich gestalten? Das Ergebnis ist ein Safety-Video, das niemand verpassen möchte. Es zeigt eine stilisierte Flugzeugkabine in einem stilisierten Hangar, in der Virgin-Flugbegleiter den lahmen Standards – vom Anlegen des Gurts über die Verwendung der Schwimmweste bis zum Rauchverbot – Leben einhauchen. Singend, rappend und tanzend zu einem mitreißenden Soundtrack sorgen sie dabei mit einer unglaublichen künstlerischen Performance für eine Stimmung, die so richtig Lust auf den bevorstehenden Flug macht – und dabei auch noch die nervigsten Angewohnheiten von Fluggästen ironisch aufs Korn nimmt. Entertainment statt Langeweile:

Auch STANDARDS können AUFREGEND sein.

In der Sache mag eine Regel eine Regel sein – doch in der Form können wir fast jeden Standard unter dem Aspekt der Kundenbegeisterung neu denken. Das Beispiel zeigt einen besonders effektiven Ansatz, um Service persönlich zu gestalten: Überraschen wir unsere Kunden! In der Beziehung zu unseren Kunden ist es nämlich nicht anders als in der Beziehung zum eigenen Partner: Jeder wird gern mal überrascht.

Überraschungen schaffen begeisternde Momente, die die Beziehung vertiefen und die Loyalität stärken.

Überraschungen gehen direkt ins Kundenherz.

Denn sie fühlen sich immer persönlich an. Auch wenn im Beispiel von Virgin Airlines alle Gäste gleichermaßen überrascht werden: Jeder einzelne Kunde an Bord spürt, dass sich jemand Gedanken über ihn gemacht hat, anstatt einfach den Standard abzuspulen. Das ist ein magischer Moment – und diese Momente machen den großen Unterschied.

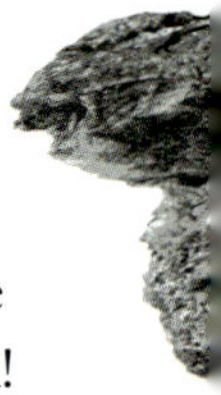

Hier liegt ein ungeheures Potenzial für Kundenbegeisterung: Anstatt nervige Standards lieblos abzuspulen, trauen Sie sich auch an heilige Kühe wie feststehende Vorschriften oder bracheninterne Regeln heran! Nehmen Sie Standards insbesondere in der Form nicht als gegeben hin – sondern schaffen Sie lieber Ihren eigenen! Je nerviger der Prozess, desto größer das Begeisterungspotenzial, wenn Sie ihm eine persönliche Dimension abgewinnen.

Vielleicht irritieren Sie damit ein paar Wettbewerber. Falls ja, herzlichen Glückwunsch: Dann haben Sie offensichtlich ins Schwarze getroffen. Der Maßstab für Service-Excellence ist schließlich nicht die Konformität mit dem Regelbuch. Eine gute Idee bemisst sich nicht daran, wie etwas früher oder „schon immer" gemacht wurde. Auch nicht daran, was die Konkurrenz davon hält. Und schon gar nicht daran, was Sie dürfen und was nicht. Sondern immer allein an der Frage „Was hat mein Kunde davon?".

Schaffen Sie Ihren eigenen Standard –
denn **ERFOLG**
kommt nicht von
FOLGEN.

DIE HOHE KUNST DER PERSONALISIERUNG

Persönlich wird Ihr Service, wenn Sie Ihre Stärken und Talente in die Beziehung zum Kunden einbringen. Doch das ist erst die halbe Wahrheit. Die andere Hälfte liegt eigentlich auf der Hand: Erst wenn Sie auch die Persönlichkeit Ihres Kunden einbeziehen, wird Ihr Service wirklich persönlich. Das ist ein weiterer heißer Tipp für persönlichen Service:

Service-Excellence heißt Personalisierung.

Personalisierung bedeutet: Der Service ist maßgeschneidert – genau zugeschnitten auf den Kunden und seine Bedürfnisse. *Nicht* auf die Zielgruppe. Sondern auf diesen. Einen. Kunden. Ganz persönlich.

Das kann natürlich nur funktionieren, wenn wir die Persönlichkeit des Kunden, seine Vorlieben und Abneigungen und besonderen Interessen genau kennen. Das heißt: sich voll auf den Kunden einlassen. Nur wenn wir neugierig sind und uns ernsthaft mit ihm beschäftigen, können wir ihm genau das geben, was er sich sehnlichst wünscht. Und nur dann können wir ihn auch überraschen – indem wir ihm mehr geben, als er erwartet.

Kundenbindung heute: Service auf einem neuen Level

Mit personalisiertem Service heben Sie die Kundenerfahrung auf ein neues Level: Sie schreiben ihn – den Kunden – ganz persönlich als Held in eine Geschichte hinein, die sich allein um ihn dreht. Diese Geschichte wird er weitererzählen – doch in seiner Version werden Sie der Held sein! So funktioniert Kundenbindung heute.

FÜR DEN KUNDEN DA SEIN

Ein wichtiger Schritt zu persönlichem Service ist die Bestimmung eines dezidierten Verantwortlichen für jeden konkreten Kunden. Damit wird der Grundstein für eine persönliche Beziehung zum Kunden gelegt. Wie viele der Kontakte, die Sie mit Ihren Kunden haben, sind logistischer Natur und entbehren jeglichen persönlichen Bezug? Der Kunde wird maschinell „verarbeitet" und spürt das auch.

Jede rein formale Interaktion mit einem Kunden ist ein verpasster magischer Moment.

Ähnlich destruktiv ist der Effekt, wenn der Kunde bei jedem Kontakt mit einem anderen Mitarbeiter konfrontiert wird. Genau das aber ist eher die Regel als die Ausnahme: Die meisten Kunden bekommen es im Laufe einer Transaktion mit verschiedenen Mitarbeitern zu tun, die in verschiedenen Abteilungen sitzen, verschiedene Aufgaben haben – und meist auch unterschiedliche Herangehensweisen an die Kundenbeziehung.

VERTRAUEN braucht KONTINUITÄT.

Logistisch ist es in vielen Branchen vielleicht nachvollziehbar, wenn es daran mangelt: Die klassischen Unternehmensstrukturen mit Abteilungen und Hierarchien führen oft automatisch zu komplexen Prozessen. Leider ist diese Komplexität jedoch überhaupt nicht kundenfreundlich. Sie erinnern sich: Den Kunden interessiert nur das Ergebnis. Der Prozess stört ihn, sobald er sichtbar wird. Ganz besonders stört es ihn, wenn

Lücken erkennbar werden – denn dann fühlt er sich durchgereicht und instrumentalisiert. Die Beziehung mag zu diesem Zeitpunkt nur eine E-Mail umfasst haben, doch gefühlt verliert der Kunde seinen Partner. Bei jedem Wechsel des Ansprechpartners wird er davon ausgehen, dass wieder alles von vorn losgeht – weil die rechte Hand nicht weiß, was die linke tut. Und oft hat er damit ja leider auch recht, oder?

VERANTWORTLICHE KUNDENBEGEISTERER

Das Ziel ist deshalb immer, die Zahl der Bezugspersonen für den einzelnen Kunden so gering wie möglich zu halten. Das gilt in jeder Branche und bei jeder Art von Transaktion gleichermaßen. Im Idealfall gibt es immer nur einen einheitlichen Ansprechpartner, der den Kunden von Anfang bis Ende begleitet und auch darüber hinaus für die weitere Beziehungspflege verantwortlich ist.

Ein fester Ansprechpartner mit offenen Ohren macht aus einer TRANSAKTION eine BEZIEHUNG.

Nun höre ich den SEMO in uns sagen: Das ist doch unrealistisch! So sind wir nicht aufgestellt! Das geben unsere Prozesse nicht her! Wer soll das leisten?

Es stimmt: Je nach Ihrem Geschäftsmodell kann diese Veränderung einen gewissen Mehraufwand bedeuten. Kann, nicht muss. Wenn Sie Ihre

Prozesse so organisieren, dass der Ansprechpartner abteilungsübergreifend immer im Bilde über alles ist, was „seinen“ Kunden betrifft, erfordert das unter Umständen zwar mehr Ressourcen bei diesem Mitarbeiter. Andere Abteilungen werden dadurch jedoch oft sogar entlastet, weil sie weniger Kommunikationsaufwand betreiben müssen.

Oft lohnt sich deshalb gerade in Unternehmen mit komplexen Prozessen und Transaktionsformen die Einführung dezidierter Verantwortlicher für den Kundenkontakt. Sie fungieren intern als eine Art „Anwalt des Kunden“. Sie können nicht nur eine einheitliche Kommunikation mit dem Kunden gewährleisten, sondern auch sicherstellen, dass jeder Schritt im Prozess möglichst kundenfreundlich gestaltet wird. In vielen großen Unternehmen ist eine separate Abteilung zur Kundenbetreuung zwar seit Langem Standard. Meist haben diese Mitarbeiter jedoch eher eine Mittlerrolle: Entweder sollen sie die Kunden von den anderen Abteilungen fernhalten (zum Beispiel durch Beschwichtigung), oder sie reichen Kundenanfragen nur an die zuständigen Abteilungen weiter. Vertrauensbildung beim Kunden: gleich null. Auch die klassischen Key Account Manager sind oft auf sehr eng begrenzte Befugnisse beschränkt und genießen keine großen Gestaltungsfreiheiten. Selbst wenn sie die Kommunikation sehr ernst nehmen und die Bedürfnisse der Kunden kennen und verstehen, können sie oft nur sehr bedingt darauf reagieren. Mitarbeiter in solchen Positionen zu „Verantwortlichen Kundenbegeisterern“ mit maximalen Entscheidungsfreiheiten zu machen ist besonders in großen, schwerfälligen Unternehmensstrukturen ein wichtiger Schritt zu besserem Service.

Warum lohnt es sich für Sie, dezidierte Kundenverantwortliche zu etablieren? Lassen Sie mich mit einer Gegenfrage antworten: Warum gehen Millionen von Menschen immer wieder in dasselbe Restaurant, bringen ihr kaputtes Auto jedes Mal in dieselbe Werkstatt oder machen jahrzehntelang im selben Hotel Urlaub? Ganz einfach:

Kunden sind LOYAL, wenn wir ihr VERTRAUEN haben.

Weil sie eine persönliche Beziehung zu den Mitarbeitern haben. Weil sie nichts erklären müssen und sicher sein können, dass ihre persönlichen Bedürfnisse bekannt sind und berücksichtigt werden. Weil sie dort als Persönlichkeiten gesehen und geschätzt werden. Mit anderen Worten: Weil sie den Menschen an diesem Ort vertrauen und sich blind auf sie verlassen. Und das ist Kundenbindung. Das ist das Ziel.

Service ist, wenn wir Familie sind.

HOHE KUNST GANZ LEICHT: WIE SIE IHREN SERVICE PERSONALISIEREN

Wenn Sie nun sagen: Alles schön und gut, aber wir vermieten keine Hotelzimmer, sondern verkaufen Lötkolben an Garagenbastler, dann darf ich Ihnen entgegnen: Auch Hotels begeistern heute keine Kunden mehr, indem sie Zimmer vermieten. Wir sitzen alle im selben Boot, werden alle von neuen Konkurrenten bedroht und stehen alle vor denselben Herausforderungen: Kunden ganz neu zu begeistern, indem wir sie persönlich erreichen. Das Geschäftsmodell ist dabei oft beinahe schon Nebensache.

Die gute Nachricht: Gelegenheiten für personalisierte Service-Maßnahmen gibt es immer, in jeder Branche und bei jeder Art von Interaktion. Nicht zuletzt die sozialen Netzwerke, aber auch persönliche Kundenbegegnungen bieten dafür unendliche Möglichkeiten. Ein Versicherungsunternehmen, das den Kontakt zu seinen Kunden sucht, kann Veränderungen in deren Lebenssituation ergründen und den persönlichen Schutz auf die individuellen Bedürfnisse anpassen. Natürlich nur, wenn es nahe genug an seinen Kunden ist, um davon zu erfahren. Eine Bank kann Kunden persönlich unterstützen (und auf kurz oder lang selbst davon profitieren), indem sie im richtigen Moment maßgeschneiderte Konditionen für notwendige Investitionen anbietet. Allerdings muss sie dafür wissen, was bei ihren Kunden gerade so ansteht. Ein Arzt kann seine Patienten bei der individuellen Vorsorge unterstützen oder therapeutische Maßnahmen einleiten, bevor eine Erkrankung bedrohlich wird. Selbstredend nur, wenn der Kontakt zu seinen Patienten eng genug ist.

Und selbst als Lötkolbenproduzent können Sie mit Ihren bastelfreudigen Kunden über ganz andere Dinge ins Gespräch kommen, zum Beispiel darüber, was sie mit ihren Lötkolben eigentlich so machen.

Und wie Ihr Unternehmen sie dabei sonst noch unterstützen könnte, außer mit großartigen Lötkolben. Im Zweifel docken Sie damit nicht nur persönlich bei Ihren Kunden an, sondern erschließen sich auch noch neue Geschäftsfelder. Und auch die brauchen wir alle – genauso wie wir begeisterte Kunden brauchen.

Die Vorgehensweise beim „Personalized Customer Service“ ist grundsätzlich bei jedem Kundenkontakt die gleiche.

Schritte des „Personalized Customer Service“

- Den Kunden im Rahmen der üblichen (meist logistischen) Kommunikation oder auch anlasslos mit sinnvoller Regelmäßigkeit auf der persönlichen Ebene ansprechen – angemessen neugierig und aufrichtig interessiert. Natürlich können Sie diese Informationen auch auf digitalem Wege sammeln, etwa über soziale Netzwerke.
- Die resultierende Kommunikation analysieren und auch zwischen den Zeilen nach Erkenntnissen über konkrete Bedürfnisse, aber auch Vorlieben und persönliche Interessen des Kunden suchen.
- Die Erkenntnisse in konkrete Service-Maßnahmen übersetzen und deren Umsetzung einleiten – je nach Maßnahme entweder in Absprache mit dem Kunden oder um ihn im weiteren Verlauf der Transaktion oder Beziehung zu überraschen.

Ganz gleich, ob Sie die Informationen aus der Kommunikation nutzen, um den Kunden besonders zuvorkommend zu behandeln oder um ihn bei passender Gelegenheit mit einer persönlichen Aufmerksamkeit zu überraschen: Der überschaubare Zusatzaufwand gegenüber einem „Service nach Vorschrift“ wird dem Kunden das Gefühl einer Vorzugsbehandlung vermitteln. Auch dann noch, wenn eine solche

Behandlung bei Ihnen zum neuen Standard wird. Und genau solche Maßnahmen machen den Unterschied zum Service von der Stange, den er anderswo bekommt.

Besonders begeisternd auf Kunden wirken überraschende Service-Maßnahmen. Nutzen Sie Informationen, die der Kunde „ganz nebenbei" mit Ihnen teilt, um ihm mehr zu geben, als er erwartet.

Der beste Service ist oft der, um den niemand gebeten hat.

Und was haben Sie davon? Eine Menge: Mit personalisiertem Service steigern Sie nicht nur die Kundenzufriedenheit, sondern beugen mit der persönlichen Betreuung auch Beschwerden vor und erhöhen die Loyalität. Die vielzitierte Wechselwirkung, dass begeisterte Mitarbeiter für begeisterte Kunden sorgen, gilt nämlich auch umgekehrt: Eine Steigerung der Kundenzufriedenheit verschafft auch den Mitarbeitern einen ungeheuren Motivationsschub. Je persönlicher die Beziehung ist, desto direkter die Auswirkung auf beide Seiten. Personalisierter Service ist sozusagen die Geheimwaffe unter den Service-Strategien.

Personalisierter Service macht
KUNDEN zu FANS.

Und echte Fans sind nicht nur treu – sie verzeihen auch mal einen Fehler. Deshalb können Sie mit personalisiertem Service sogar „eingeschlafene" Kunden wieder aktivieren und ein stagnierendes oder bröckelndes Image aufpolieren. Wenn Kunden spüren, dass Sie alles in Ihrer Macht stehende tun, verzeihen sie so manches. Wenn Sie dagegen in der glücklichen Lage sind, dass Ihre Kunden Sie bereits lieben, werden Sie die Beziehung mit jeder einzelnen persönlichen Interaktion weiter vertiefen – und die Kunden werden darüber reden. Mit Freunden, Familie und Kollegen, aber auch auf digitalen Plattformen. Überall dort, wo Kunden heute und in Zukunft die Geschichten erzählen, die sie mit Ihrem Unternehmen erleben. Also überall dort, wo das Image einer Marke gemacht wird. Ihr Image!

Die Menschen sprechen über Ihr Unternehmen. Sie bestimmen, wie.

Die beste Imagepflege: jede Maßnahme eine Story.

LIEBE IST DAS BESTE MARKETING

Ich will es gar nicht leugnen: Wir können vielleicht nicht jedem Kunden die Welt zu Füßen legen. Aber wir können es versuchen.

Wenn ich Ihnen empfehle, zum Partner Ihrer Kunden zu werden, dann meine ich das genauso ernst, wie es hier steht. Denn die Beziehung zu seinen Kunden ist das wertvollste Asset, das ein Unternehmen hat. Und was in einer Beziehung geschieht, ist immer persönlich. Zwar kann man es mit der Zuwendung auch übertreiben – ganz besonders auf digitalem Wege, zum Beispiel mit einer Flut von Werbe-Mails. Aber lieben sollten wir unsere Kunden schon! Das ist besser als jede flüchtige Marketingstrategie. Die durchschaut der Kunde nämlich.

„Ich habe nie Marketing gemacht. Ich habe immer nur meine Kunden geliebt.“ (Zino Davidoff)

Beim Marketing geht es (bisher) meist darum, die Zielgruppe zu verzaubern. Oft ist dieser Effekt flüchtig. Denn die Kunden erkennen

einen Casanova, wenn sie ihn sehen. Sie wollen persönlich hofiert werden, bevor sie sich auf etwas Langfristiges einlassen. Sie wollen sehen, ob wir es ernst meinen mit der Beziehung. Dafür braucht es mehr als einen kurzen Marketing-Flirt. Service-Excellence ist, wenn der Kunde verzaubert ist, nicht die Zielgruppe. Mit anderen Worten: Wenn der Kunde wiederkommt und nicht die Ware. Marketing hat zweifellos seine Berechtigung und wird in Zukunft immer noch wichtige Aufgaben erfüllen. Genauso wie der Service wird es dabei jedoch in Zukunft stärker auf das große Ganze zielen: auf die Persönlichkeit der Marke und die Persönlichkeit des Kunden. Ich glaube, dass der Service das wichtigste Aushängeschild eines Unternehmens ist – und dem Marketing nicht zuletzt auch seine Storys liefert. Denn hier sind die entscheidenden Touchpoints: im direkten Kontakt mit dem Kunden. Hier werden die Geschichten geschrieben, die zu erzählen sich lohnt. Die Liebesgeschichten zwischen Unternehmen und Kunden.

Schon Shakespeare wusste es: Liebe ist das beste Marketing.

PERSÖNLICHER SERVICE: DER WEG ZUM EIGENEN STANDARD

Service ist keine Statistik und keine Liste und kein Prozess. Persönlich ist immer besser als Standard. Sobald der Kunde den Verdacht hat, dass er in die standardmäßige Massenabfertigung geraten ist, ist der Eindruck verdorben, und die Beziehung nimmt Schaden. Deshalb ist es immer eine gute Idee, vom Minimalstandard nach oben abzuweichen und einen eigenen zu setzen.

Setzen wir unsere eigenen Standards.

Für die besten Service-Ideen müssen wir unsere Unternehmen oft nicht einmal umstrukturieren. Oft ist es auch nicht nötig, einen Prozess zu erfinden, damit der Service persönlich wird. Vielmehr ist persönlicher Service vor allem eine Frage der Haltung. In vielen Fällen ist alles, was es braucht, ein kleines bisschen Empathie und Herzlichkeit. Beides ist immer persönlich und nie 08/15.

Natürlich machen wir alle uns viele Gedanken über unsere Zielgruppe. Egal, in welchem Business wir sind: Das Zielgruppendenken haben wir alle verinnerlicht, denn es stand in der Fachliteratur und in der Fortbildung lange Zeit im Vordergrund. Aber wenn wir dem Kunden begegnen, sprechen wir nicht mit einer Zielgruppe. Wir sprechen mit einem Menschen. Und inzwischen haben wir viele neue Möglichkeiten, uns dem Kunden, dem unbekannten Wesen, ganz persönlich zu nähern und Informationen über ihn zu beziehen. Die Digitalisierung hat in dieser Hinsicht ganz klar eine Verbesserung bewirkt, denn sie hilft uns auch analog umzudenken und die persönliche Beziehung zum Kunden auf neue Weise wertzuschätzen – und zu nutzen.

Das digitale Zeitalter ist das Zeitalter des Individualdenkens im Service.

Nachfolgend gebe ich Ihnen noch einmal die wichtigsten drei Anhaltspunkte mit. Sie können Ihnen als Sprungbrett für die Umsetzung dienen, die nur höchst individuell sein kann – persönlich eben.

Drei Impulse für persönlichen Service

- Bauen Sie Vertrauen auf! Lassen Sie sich auf eine Beziehung zu Ihren Kunden ein! Exzellenter Service trägt immer den Namen des Kunden. Und zwar im wörtlichen wie auch im übertragenen Sinne.
- Setzen Sie eigene Standards! Der Standard dient immer dem Kunden - nie umgekehrt. Und der Kunde liebt Überraschungen. Denn sie zeigen ihm, dass Sie sich mit ihm beschäftigt haben.
- Personalisieren Sie das Kundenerlebnis - einfach, indem Sie Ihren Kunden zuhören! Indem Sie aus Ihrem Büro rauskommen und echte Gespräche führen! Oder per Email, oder per Facebook ...

Service ist für den Kunden *immer* persönlich. Leider auch der schlechte. Wie wir unseren Kunden begegnen, macht den Unterschied zwischen Kundenbegeisterung und Kundenbeschwerde. Die goldene Regel der Kundenbindung lautet:

Die persönliche BINDUNG zu Ihren Kunden ist Ihr Loyalitätsfaktor - Ihr WICHTIGSTER USP.

3. POSTDIGITALE KUNDEN-BEGEISTERUNG

WARUM SERVICE DIE BESTE DIGITALISIERUNGS-STRATEGIE IST

Haben Sie Angst? Angst vor der Zukunft, Angst vor der Veränderung? Sprechen wir das böse D-Wort mutig aus: Schlottern Ihnen die Knie angesichts der Digitalisierung? Jagt der Blick in die Augen von Mr. Robot Ihnen eiskalte Schauer über den Rücken? Falls nicht, gehören Sie zur Minderheit. 60 Prozent der Deutschen sind der Meinung, dass durch die fortschreitende Digitalisierung bestehende Arbeitsplätze abgebaut werden. Und 53 Prozent nehmen digitale Innovationen nicht zuerst als nützlich wahr, sondern als Gefahr.[8] Gestehen wir es uns ein: Wir, als Gesellschaft und ganz besonders als Arbeitnehmer, haben Angst. Digitalisierungsangst. Der eine mehr, der andere weniger. Aber kalt lässt die Digitalisierung praktisch niemanden. Ein Grund dafür ist natürlich die generelle, in der Natur des Menschen liegende Angst vor dem Neuen, die bei uns Deutschen zugegebenermaßen kulturell bedingt besonders ausgeprägt zu sein scheint. Bezeichnend ist zum Beispiel, dass für die meisten Chinesen bei der Betrachtung der Digitalisierung die positiven Aspekte überwiegen.[9] Auch die Sorge vor der Überwachung und dem „gläsernen Menschen" spielt bei unserer Skepsis gewiss eine Rolle. Doch der wesentliche Auslöser der Digitalisierungsangst ist die schiere Existenzangst: Wir fürchten uns vor der großen, bösen Industrie 4.0, weil sie uns als Horrorszenario präsentiert wird – nämlich als Todesfalle für Arbeitsplätze. Auch und – je nach Prognose – gerade im Service.

GEPLANTE OBSOLESZENZ AM ARBEITSMARKT

Bestimmt haben Sie schon einmal die These von der geplanten Obsoleszenz gehört. Das bedeutet: Die Industrie baut in Produkte bewusst Fehler ein, damit die Geräte nach einigen Jahren (vorzugsweise kurz nach Ablauf der Garantie) kaputtgehen. Außerdem wird zum Beispiel bei Handys das Trendbewusstsein durch Werbung gezielt gefördert, damit die Kunden immer das neueste Modell wollen und regelmäßig ein neues Gerät kaufen, selbst wenn das alte noch bestens funktioniert. Diese und andere Maßnahmen sollen dafür sorgen, dass Produkte schon nach relativ kurzer Nutzungsdauer obsolet werden, also überflüssig.

Seit einiger Zeit habe ich den Eindruck, dass eine neue These um sich greift: die geplante Obsoleszenz des arbeitenden Menschen. Ganze Heerscharen von Statistikern betätigen sich mittlerweile als Propheten des Arbeitsmarktes. Egal, in welcher Zeitung Sie den Wirtschaftsteil aufschlagen: Überall bekommen Sie erzählt, dass Ihr Job bald überflüssig sein wird. Und weil wir empfindsame Wesen sind, manifestiert sich diese Ankündigung in unserem Hirn natürlich als direkte Bedrohung: Wir werden bald überflüssig sein!

Der arbeitende Mensch, ein Auslaufmodell auch im Service?

In Deutschland könnten laut Zahlen der *Welt* bereits in den nächsten 20 Jahren 18 Millionen Angestellte durch Maschinen und Software ersetzt werden.[10] Noch mutigere (bzw. sendungsbewusstere) internationale Forscher – unter anderem von der renommierten Wharton Business School der Universität von Pennsylvania oder der Universität Oxford – behaupten, dass in den nächsten 25 Jahren nationenübergreifend 47 Prozent, also knapp die Hälfte aller Jobs in den entwickelten Ländern der Welt überflüssig werden.[11]

Das muss man sich erst einmal auf der Zunge zergehen lassen: Fast die Hälfte aller Jobs, innerhalb einer Generation. Und im Gegensatz zu früheren Revolutionen erwischt es dieses Mal nicht nur die „Blue Collars“, also die in der Fertigung tätigen Arbeitnehmer, sondern auch die „White Collars“, die Büroarbeiter.[12]

Ganz besonders gefährdet ist laut manchen Prognosen ironischerweise auch der Dienstleistungsbereich – der Bereich, wo es wie in keinem anderen auf die Beziehung und die Interaktion von Mensch zu Mensch ankommt. Zwar soll es diesen Sektor nicht zuerst erwischen. Vorher sollen den Vorhersagen zufolge erst einmal Berufskraftfahrer, Büro- und Verwaltungshilfskräfte sowie Industriearbeiter den blauen Brief bekommen. Doch dann sind auch die Dienstleister dran. Besonders gefährdet sind etwa Reinigungskräfte, die durch Putzroboter ersetzt werden. Auch den Kassierern im Supermarkt geht es durch die rasante Entwicklung bei elektronischen Bezahlvorgängen an den Kragen.

Schon weitaus schwerer vorstellbar ist die Auslöschung anderer Berufsgruppen mit Service-Bezug, denen die Statistiker schlechte Aussichten einräumen. Auch Bankangestellte, Rezeptionisten in Hotels und sogar Gaststättenmitarbeiter sollen sich den Forschern zufolge schon mal Gedanken über eine neue berufliche Laufbahn machen.[13] Folgendermaßen begründen sie die Gefährdung dieser Berufe: „Sie alle erfordern zwar eine Interaktion mit Menschen, aber kein hohes Maß an sozialer Intelligenz. Nur Letzteres wäre von Maschinen nach heutigem Stand der Technik nicht zu ersetzen."[14]

Aha, aha! Zwischen den Zeilen dieser Botschaft versteckt sich aus meiner Sicht die tatsächliche Prognose über die digitale Zukunft des Service. Sicher werden Roboter viele Arbeiten übernehmen können, die bisher noch von Menschen ausgeführt werden. Natürlich liegen hier Möglichkeiten zur sinnvollen Digitalisierung – ich gehe nachfolgend noch näher darauf ein. Doch ob das die erfolgsentscheidenden Tätigkeiten in den Unternehmen der Zukunft sein werden, das ist eine ganz andere Frage. Sicher kann ein Roboter Essen servieren. Sicher kann ein Computer einen Hotelgast einchecken. Doch kann er ihn auch begeistern? Kann er dafür sorgen, dass dieser Gast wiederkommt? Kann er ihn zum Fan machen? Ich weiß nur so viel: Kellner, Rezeptionisten oder Bankangestellte können das. Es sei denn natürlich, es handelt sich um SEMOs.

An die Frage nach der Wertigkeit jener Tätigkeiten schließt sich eine weitere Kernfrage an: Sollten wir wirklich alle Ressourcen in die Digitalisierung pressen, um so schnell wie möglich so viel wie möglich zu digitalisieren und zu enthumanisieren? Liegt hier tatsächlich das Erfolgsgeheimnis der Zukunft? Oder ist vielleicht die Frage viel relevanter, wie wir uns trotz allgemeiner Digitalisierung auch in Zukunft noch von unserer Konkurrenz abheben?

Denn inwiefern Mr. Robot uns dabei behilflich sein kann, hat mir noch keine Statistik beantworten können. Mit Sicherheit lässt sich jedoch voraussagen, dass wir alle auf die eine oder andere Weise digital sein werden. Das Alleinstellungspotenzial durch bloße Digitalisierung ist also begrenzt.

Mal wieder lautet mein Rat: Widmen wir uns nicht nur dem Was. Die Frage ist doch längst nicht mehr, *ob* wir digital werden. Die Frage ist: Wie?

Die handlungsleitende Frage lautet: Wie digitalisieren wir sinnvoll?

Wo im Service können wir digitale Lösungen, künstliche Intelligenz und Mr. Robot wirklich gebrauchen – und wo nicht?

MR. ROBOT KANN ES BESSER, ODER?

Eine der Prämissen, auf denen die Prognosen von der Überflüssigkeit der Arbeitenden gründen, ist natürlich die fortschreitende Automatisierung vieler Arbeitsschritte, die heute noch von Menschen ausgeführt werden müssen. Die Künstliche Intelligenz macht derartige Fortschritte, dass wir vermutlich schon in Kürze nicht mal mehr gebraucht werden, um ein Auto zu steuern. Theoretisch hat die Technik bereits den nötigen Stand. Bald können Computer (theoretisch) auch selbst entscheiden, welche Nachrichten relevant sind und verbreitet werden sollten – je nachdem, wie man „relevant" definiert. Und wer keine Lust auf menschlichen Kontakt hat, kann sich anstatt von einem Assistenten aus Fleisch und Blut bereits heute von Siri oder Alexa durch den Tag navigieren lassen. Die digitalen Assistenten versenden auch unsere E-Mails für uns und geben sogar schnippische Antworten, wenn man es darauf anlegt. Damit wären ja wohl alle Qualifikationen für einen persönlichen Assistenten abgedeckt, oder?

An meinem ironischen Ton merken Sie schon: Ich gehöre nicht zu denen, die bereit sind, ein unreflektiertes Loblied auf die menschenfreie Zukunft anzustimmen. Ich habe Zweifel. Nicht an der Bedeutung der Digitalisierung an sich, oh nein. Aber an der Treffsicherheit vieler konkreter Prognosen. Ich habe begründete Zweifel daran, ob wir bei all den Zukunftsvisionen von den richtigen Voraussetzungen ausgehen.

Ganz besonders zweifle ich überall da, wo der Mensch völlig widerspruchslos als ersetzbar dargestellt wird. Und das ist die zweite zentrale Prämisse, von der die Prognosen über die düstere Zukunft der Arbeit ausgehen. Sie ist eng an die Künstliche Intelligenz geknüpft. Viele Jobs, für die heute noch Menschen aus Fleisch und Blut gebraucht werden, sollen künftig von Robotern übernommen werden. Also Quasi-Menschen, die wesentlich leichter zu warten sind, auf lange Sicht weniger kosten und vor allem nicht widersprechen – COMO wäre sicher hellauf begeistert, wenn es so käme. SEMO eher weniger …

Es gibt sogar schon Angaben dazu, um wieviel günstiger ein Roboter im Jahr 2025 für die Unternehmen sein soll: 21 Prozent weniger als ein Angestellter mit Durchschnittslohn werde Mr. Robot im Durchschnitt dann kosten, sagen die Statistiker.[15] Fragt sich nur, ob sich die 21 Prozent Kosteneffizienz auch in angemessener Effektivität niederschlagen – also ob die 79 Prozent eines Durchschnittsgehalts, die das Unternehmen für Mr. Robot immerhin ausgibt, wirklich clever investiert sind. Klar, gegen Überstunden wird dieser Kollege nichts einzuwenden haben. Aber wird beispielsweise eine Roboter-Sekretärin für mich als Führungskraft mitdenken, wie ich das von meiner Assistentin erwarte?

7 8 9 ÷ AC/ON
4 5 6 X CE/C
1 2 3 – +/–
0 . + %
=

Wird sie wertschätzend mit meinen Kollegen und Partnern umgehen? Wird sie mir proaktiv den Rücken freihalten und gedanklich einen Schritt weiter sein als ich, weil sie mich gut genug „kennt"?

Und, was für die Führungskräfte unter uns noch viel wichtiger ist: Können Roboter überhaupt geführt werden? Wer sagt denen eigentlich, was zu tun ist? Wie binde ich einen Roboter emotional in die Mission Unternehmenserfolg ein? Wie bekomme ich ihn dazu, mehr zu tun, als er müsste – nicht quantitativ, sondern emotional? Wie überrascht er Kunden? Wie baut er eine Beziehung auf? Mit anderen Worten: Wie leistet ein Roboter all das, was wir in den vorangegangenen Kapiteln thematisiert haben?

Das sind Fragen, die ganz besonders im Service-Sektor von ungeheurer Bedeutung sind. Denn dass Roboter mechanisch Abläufe reproduzieren und zu rein rechnerischen Entscheidungen kommen können, ist das eine. Aber was ist mit dem alles entscheidenden Faktor im Service – dem Faktor Mensch?

Aus den Antworten auf diese Fragen lässt sich ableiten, wo und wie wir im Service jetzt und in Zukunft sinnvolle Digitalisierungsmaßnahmen anschieben können. Nicht aufgrund von Prognosen, die alles berücksichtigen, nur nicht den im Service bedeutendsten Aspekt von allen. Von solchen Einwänden lassen sich die Statistiker nicht beirren – bisher jedenfalls. Wenn es nach ihnen geht, sind die Roboter angeblich alle viel geschickter, schlauer und schneller als wir. Für die meisten Anwendungsszenarien gibt es zwar noch nicht mal einen Prototyp, aber darüber herrscht unter den Zukunftsforschern scheinbar Konsens. Nach dem Motto: Wenn es kein Mensch ist, kann es eigentlich nur besser sein.

Ich nehme mir die Freiheit zu widersprechen.

HERZ SCHLÄGT HIRN

Um Ihnen zu demonstrieren, warum, möchte ich Ihnen vom besten Service-Mitarbeiter erzählen, mit dem ich je arbeiten durfte. Mehmet war Nachthausdiener im Kempinski-Hotel Gravenbruch, als ich in diesem Haus meinen ersten Job in der Grand-Hotellerie hatte – als Rezeptionist. Weil ich als Anfänger oft die Nachtschicht bekam, konnte ich Mehmet häufig bei seiner Arbeit beobachten. Und für mich ist er bis heute der Inbegriff einer Service-Excellence-Persönlichkeit.

Mehmet musste nicht dazu aufgefordert werden, mitzudenken und zu erfühlen, was ein Gast brauchen würde. Er ahnte Wünsche voraus, weil das für ihn Ehrensache war. Mehmet war immer beschäftigt, denn Mehmet fand immer Optimierungsbedarf. Schon beim Eintreffen neuer Gäste konnte er es kaum erwarten, ihnen ihr Gepäck abzunehmen. Beflissentlich putzte er die Schuhe der Gäste, die es nicht zu verhindern wussten. Nie, wirklich niemals vergaß er eine Frühstückszimmerkarte einzusammeln. Dieser Mann wäre nie auf die Idee gekommen, sich in weniger ereignisreichen Nächten auf die Sonnenbank im Wellness-Bereich zu legen, so wie ich das während besonders ereignisarmer Nachtschichten damals manchmal tat. Dafür gab es in Mehmets Service-Welt viel zu viel zu tun. Und wenn partout alles erledigt war, was auch nur annähernd in seinen Zuständigkeitsbereich fiel, dann polierte er notfalls das Kupfer an der Eingangstür.

Dass viele seiner SEMO-Kollegen seinen Eifer ganz und gar nicht teilten, störte ihn nicht. Mehmet wusste, worauf es ankam. Schlechte Moral war ihm ein Fremdwort. Er war immun dagegen, denn er machte seinen Job mit Leidenschaft. Mehmet war das, was man heute „intrinsisch motiviert“ nennt.

Sein Fleiß und sein Perfektionismus waren jedoch noch nicht einmal Mehmets hervorstechendste Eigenschaften. Vielmehr war es die Art, *wie* er alles erledigte, was er anpackte: Zu jeder Tages- und Nachtzeit, während jeder einzelnen Schicht an jedem Tag in den anderthalb Jahren, die ich in Gravenbruch arbeitete, verströmte er eine Aura der Herzlichkeit und bedingungslosen Gastfreundschaft. Mehmet bildete das unterste Ende in der Hierarchie des Kempinski, doch gerade er verkörperte das, worauf es ankommt: Er war der perfekte Gastgeber. Service à la Mehmet zeichnete sich vor allem durch das wichtigste Attribut von Service-Excellence aus: Herzlichkeit.

In über 30 Jahren Service habe ich gelernt, dass es Menschen wie Mehmet sind, die den Charme eines Service-Unternehmens ausmachen. Und je mehr Menschen wie Mehmet es in einem Unternehmen gibt, desto höher ist die Wahrscheinlichkeit, dass die Kunden wiederkommen.

Das wichtigste Wort im vorigen Satz ist übrigens das Wort „Menschen". Mehmet ist eben kein Roboter, Mehmet ist ein Mensch. Ein ganz besonderer Mensch, nämlich ein herausragender Kundenbegeisterer. In Japan gibt es inzwischen ein Hotel, in dem (für die Kunden sichtbar) ausschließlich Roboter arbeiten. An der Rezeption werden Sie dort von einem Tyrannosaurus-Rex-Roboter begrüßt. Sogar die Fische in den Aquarien sind Mini-Roboter. Und die Menschen, die in diesem Hotel übernachten, kommen nicht wieder. Es ist eine Sehenswürdigkeit, eine Attraktion, ein Kuriosum. Kein Lieblingsplatz. Dagegen könnte ich aus dem Stand unzählige Gäste des Kempinski-Hotel Gravenbruch aufzählen, die sich bei jedem Besuch aufs Neue freuten, wenn Mehmet sie in seiner eleganten, würdevollen, warmherzigen Art strahlend in Empfang nahm, und die nach ihm fragten, wenn er tatsächlich einmal keinen Dienst hatte. Denn bei Mehmet durften sie König sein.

Mehmets Haltung, Mehmets Charme und Mehmets Gespür für Kunden sind nicht digitalisierbar, wenn vieles andere im Service – Achtung, SEMO – es auch sein mag. Menschen wie dieser Mitarbeiter sind eben nicht ersetzbar, und ihr Anteil am Erfolg eines Unternehmens auch nicht.

Da können die Programmierer sich noch so sehr anstrengen: Für Mehmet gibt's keine App. Service ist nämlich nicht nur Hirnsache.

Exzellenter SERVICE ist vor allem eine HERZENSSACHE.

WAS KÜNSTLICHE INTELLIGENZ KANN – UND WAS NICHT

Als Beweise für die Überlegenheit der Maschinen in der Arbeitswelt der Zukunft werden gern die Meilensteine in der Entwicklung der Künstlichen Intelligenz angeführt – etwa wie ein Supercomputer der Google-Tochter Deepmind mit einer Software namens „AlphaGo“ 2016 den weltbesten Go-Spieler deklassierte.[16] Solche Ereignisse gelten als Belege dafür, wie rasch Maschinen schlauer werden, schlauer sogar als der Mensch.

Schlauer vielleicht. Aber werden sie auch im selben Maße emotionaler, empathischer, sozialintelligenter, herzlicher, liebenswerter, mutiger, kreativer oder neugieriger? Das sind nämlich die Faktoren, auf die es beim Unternehmenserfolg, vor allem bei der Innovation, am meisten ankommt. Nicht nur, aber ganz besonders im Service. Wo sind die Beweise, dass Mr. Robot uns in absehbarer Zeit in diesen Kernkompetenzen überflügeln wird?

Wie schnell wir uns im Glauben an die Omnipotenz von Algorithmen verschätzen können, zeigt etwa die Reaktion von Facebook auf eine Serie von Live-Übertragungen von Gewalttaten durch User in Facebook-Live-Streams. Besonders das Beispiel eines Thailänders, der die Ermordung seines eigenen Babys live ins Netz übertrug und sich danach – ebenfalls live im Stream – selbst umbrachte.

Facebook sah sich zum Handeln gezwungen. Nachdem die Unternehmensspitze bei früheren Fällen von Gewalt in Live-Streams regelmäßig technologische Sicherheitsverbesserungen versprochen hatte, fiel die Reaktion dieses Mal ganz anders aus: CEO Mark Zuckerberg, selbst Vater einer kleinen Tochter, kündigte die Einstellung von 3000 zusätzlichen Mitarbeitern an, die Facebook-Inhalte auf Verstöße gegen die Nutzungsverordnungen überprüfen sollen.[17]

Es ist nur ein Beispiel von vielen, warum Algorithmen dem Menschen nicht in jeder Hinsicht überlegen sind – und warum Digitalisierung nicht zwingend einen Bedeutungsverlust des Faktors Mensch nach sich zieht.

ALLES DIGITAL, NUR DER KUNDE NICHT

Im Service kommt es ganz besonders auf menschliche Stärken an: Herzlichkeit, Aufmerksamkeit, Neugier, Anpassungsfähigkeit, Empathie, Entscheidungs- bzw. Handlungsfähigkeit in unerwarteten Situationen und vieles mehr. Gewiss schreitet die Künstliche Intelligenz in ihrer Entwicklung immer weiter voran. Ganz bestimmt kann sie im Laufe der Zeit immer mehr „Präzedenzfälle" berücksichtigen und verarbeiten. Doch Roboter können letztlich immer nur auf vorhandenes Wissen, vorhandene Informationen zurückgreifen und ihr Handeln daran ausrichten – schematisch und automatisiert.

Deshalb sind Service-Roboter eine gute Idee, wenn es darum geht, schematische, unflexible Prozesse abzuarbeiten. Roboter können in den Fällen einen guten Job machen, in denen auch der Kunde keinen Spielraum und kein Interesse an Abweichungen und Individualisierung hat.

Doch – und hier liegt aus meiner Sicht der Knackpunkt der Digitalisierung im Service:

Ich habe noch keine Prognose gelesen, die behauptet, dass der Kunde durch einen Roboter ersetzt werden soll.

Kunden sind Menschen. Und sobald ein Kunde sich verhält wie ein Mensch und mal seine Meinung ändert oder zweifelt, wird es eng für Mr. Robot. Sobald es um die Beziehungsebene mit dem Kunden geht, hat es sich ausdigitalisiert. Roboter können bestimmte Tätigkeiten im Service übernehmen. Doch das, worauf es wirklich ankommt und was unseren Unternehmen ihre Alleinstellung verschafft, das können Roboter eben nicht. Und deshalb ist der Mensch im Service eben nicht obsolet, solange der Kunde kein Roboter ist.

Warum steht denn neben den umstrittenen Körperscannern am Flughafen ein Mitarbeiter, der uns gleich beiseite nimmt und auf uns eingeht? Der uns den Bildschirm zeigt und alles erklärt? Damit wir sehen: Nein, wir sind da nicht nackt zu sehen. Alles okay, kein Grund zur Sorge. Warum haben die Verantwortlichen für Flugsicherheit diese Vorgehensweise gewählt und der Maschine einen Menschen zur Seite gestellt? Aus einem einfachen Grund, der bei allen Digitalisierungs- und Automatisierungsmaßnahmen berücksichtigt werden muss: Wir Menschen fremdeln nun mal von Natur aus mit neuer Technik. Wir wollen erst mal nicht. Wir sind skeptisch. Wir suchen den menschlichen Kontakt, und den bekommen wir von einem Roboter nun mal nicht. Das ist die frohe Botschaft zur Industrie 4.0:

MENSCHEN brauchen Service und der SERVICE braucht Menschen.

CASINO
SLOT
BARS & 7s WINS!

Einem könnten die Roboter allerdings wirklich gefährlich werden: SEMO. Das, was SEMO für Service hält, können Roboter auch: Prozesse abhaken wie ein seelenloser Automat. SEMO blendet die emotionale Ebene jeder Dienstleistung aus – wie ein Roboter. Wenn ein Kunde irritiert, hilflos oder wütend ist, findet SEMO vielleicht eine halbgare Lösung, um das Problem aus der Welt zu schaffen (und den Kunden gleich mit) – wie ein Roboter es tun würde. Auf Sonderwünsche hat SEMO keine Antwort, weil er nur mit vorgefertigten Standardlösungen reagieren kann und will. Für alles andere fordert er Input und eine Genehmigung ein – wie ein Roboter. Und bei allem, was er tut, bleibt er auf Distanz. Das Letzte, was er will, ist eine Beziehung zum Kunden, denn Beziehungen machen Arbeit. Deshalb beschränkt er sich auf die Mechanik dessen, was getan werden muss und in seiner Jobbeschreibung steht – wie ein Roboter.

Vieles von dem, was SEMO kann, kann ein Roboter auch. Deshalb können sich die SEMOs warm anziehen: Wenn sie ihre Haltung nicht ändern, werden sie der Digitalisierung zum Opfer fallen.

Doch diejenigen Positionen im Service, die aus gutem Grund von herzlichen, neugierigen und kreativen Service-Persönlichkeiten ausgefüllt werden, sind nicht von Robotern bedroht – solange die Unternehmen bei der Digitalisierung ihren Fokus richtig setzen.

Was SEMO nicht kann, kann ein ROBOTER auch nicht.

SERVICE AUF TEUFEL KOMM RAUS

Die große Frage ist natürlich: Wie setzen wir den Fokus richtig? Bei der Digitalisierung sind wir alle Lernende, auch und gerade im Service. Es ist die Zeit der großen Experimente. Unternehmen lassen sich so einiges einfallen, um die digitalen Kunden abzuholen. Manche dieser Experimente werden zu großen Erfolgen. Und manche gehen gewaltig schief. In den meisten Fällen liegt das daran, dass Digitalisierung auf Teufel komm raus betrieben wird: beim Versuch, das technisch Mögliche auszureizen, um der Erste zu sein, werden die verrücktesten Ideen auf die Kunden losgelassen. Nicht selten stellt sich dann im Nachhinein heraus, dass das Konzept zwar auf dem Papier gut aussah, in der Realität jedoch nicht kundenfreundlich war.

Nur weil etwas NEU ist, ist es noch keine GUTE IDEE.

Nur, weil etwas möglich ist, muss es noch nicht das gewünschte Ergebnis bringen. Nur, weil etwas digital ist, muss es noch längst nicht den richtigen Nerv treffen. Digital hin oder her: Nur, weil wir unseren Kunden einen Brocken hinschmeißen, muss er sie noch lange nicht begeistern.

Der Grund, warum Unternehmen dennoch nichts unversucht lassen: weil wir unter Druck sind. Die Ausführenden der Digitalisierung in vielen Unternehmen sind gezwungen, sich gegen die digitalen Konkurrenten aufzustellen. Es besteht kein Zweifel an dieser Notwendigkeit: Wir müssen die Digitalisierung verdammt ernst nehmen – und zwar in jeder Branche und auch im Service. Da, wo Algorithmen unseren Geschäftsmodellen gefährlich werden, sind wir gezwungen zu reagieren. Die Frage ist nur, wie. Die Digitalisierung abzulehnen ist keine Option. Auch den Robotern werden sich die meisten Unternehmen nicht dauerhaft verweigern können. Das Beste, was wir für unsere Jobs und unsere Unternehmen tun können, ist die Herausforderung anzunehmen und zu unserem Vorteil zu wenden. Ich bin der Meinung, dass die Digitalisierung nicht unser Feind sein sollte, auch wenn sie von manchen – allen voran den Arbeitsmarktforschern in den Medien – derzeit so inszeniert wird. Das Jammern über die Bedrohungsszenarien und der Ruf nach Regulierung durch den Staat bringen uns nicht weiter, so wie es auch die Entertainment-Industrie damals nicht weitergebracht hat. Die Digitalisierung ist eigentlich dafür da, unser Leben besser zu machen! Und wenn wir die Hemmschwelle vor dem Neuen überwinden und sie konstruktiv anpacken, dann wird sie das auch tun. Sogar im Service. Die Grundvoraussetzung für ihr Gelingen ist, dass wir den richtigen Maßstab anlegen. Und der ist derselbe wie bei jeder anderen Maßnahme und vor allem bei jeder Innovation: der Kunde.

NEUE BEDÜRFNISSE, NEUE JOBS – DER SERVICESEKTOR ALS DIGITALISIERUNGS-PROFITEUR

Manches, was derzeit erforscht wird, erweckt vielleicht den Eindruck, dass der Mensch überflüssig wird. Dass alles anonym und technokratisch wird und der richtige, echte, menschliche, persönliche Service einfach verschwindet. Ich glaube: Es wird anders kommen.

Dafür sprechen Untersuchungen, die auch die These von der „Jobvernichtungsmaschine" Digitalisierung infrage stellen. Die Beratungsfirma Deloitte hat für eine Studie Volkszählungsdaten aus England und Wales seit dem Jahr 1871 auswerten lassen – also von der großen Industrialisierungswelle im vorletzten Jahrhundert bis 2015.[18] Dabei stellten die Forscher fest, dass die Debatte um die Auswirkungen maschineller Entwicklung verzerrt sei, weil der Verlust von Arbeitsplätzen leichter wahrzunehmen ist als das beschäftigungswirksame Potenzial, das in technischen Entwicklungen liegt. Die Industrialisierung im 19. und frühen 20. Jahrhundert hat langfristig gesehen nicht für eine Ausrottung bezahlter Arbeit gesorgt – und diese Befürchtung gab es durchaus auch damals –, sondern vielmehr für eine Verschiebung der Tätigkeitsschwerpunkte. Die Jobs, die von Maschinen übernommen wurden, wurden also nach und nach ganz einfach durch andere Jobs ersetzt. „Labour Switching" nennen die Experten das, also „Arbeits-Wechsel".[19]

Und so wird es längerfristig betrachtet auch bei der Digitalisierung sein, ist sich Ian Stewart, Deloitte-Chefvolkswirt und leitender Autor der Studie, sicher. Besonders spannend ist an seiner Prognose die Tatsache, dass der Dienstleistungssektor der große Profiteur des digitalen Jobwachstums sein könnte: „Der vorherrschende Trend von schrumpfenden Beschäftigungszahlen in der Landwirtschaft und Warenproduktion wird durch ein schnelles Wachstum im Dienstleistungssektor – sei es in der Pflege- oder Technologiebranche, im kreativen oder gewerblichen Bereich – mehr als kompensiert."[20]

Genau so kam es auch im Zuge der Industrialisierung: Die Zahl der Mitarbeiter in Gaststättenbetrieben hat sich seit den 1950er-Jahren vervierfacht. Friseure gibt es heute auch viel mehr als früher. Hotels sind in den Städten ebenfalls aus dem Boden geschossen wie Pilze, weil auch die Touristikbranche dauerhaft im Aufwärtstrend ist und zusätzlich immer mehr Menschen mobil arbeiten bzw. viel beruflich reisen.

Mit zunehmender Technisierung boomt besonders das fortschrittsaffine Luxus-Segment in Handel und Dienstleistung, das neue Erfindungen traditionell begrüßt.[21] Das sind nur einige Beispiele, wie der Dienstleistungssektor auf die veränderte Lebens- und Arbeitswelt reagiert und in diesem Zuge neue Stellen schafft.

Noch ein wichtiger Indikator: Die Zahl der Lehrberufe insgesamt ist – bezogen auf Großbritannien – zwischen 1992 und 2014 nicht etwa gesunken, sondern um ganze 580 Prozent gestiegen.[22] Das heißt, heute gibt es viel mehr Berufe als vor Beginn der Internet-Ära. Offensichtlich hat die technische Entwicklung seit der zweiten Hälfte des 19. Jahrhunderts die Kaufkraft der Bevölkerung also gestärkt, wie die Autoren der oben zitierten Studie urteilen. Und das wirkt sich eben nicht nur auf den Konsum aus, sondern im Umkehrschluss auch auf die Entwicklung des Arbeitsmarktes: Wo Geld zu verteilen ist, gibt es auch Arbeit. Die Deloitte-Studie bewertet den technologischen Wandel im Ergebnis deshalb positiv: „Maschinen werden mehr monotone und mühsame Arbeiten übernehmen, aber sie scheinen heute nicht kürzer davor zu stehen,

den Bedarf menschlicher Arbeit auszulöschen als zu irgendeinem Zeitpunkt innerhalb der letzten 150 Jahre."[23]

Was können wir daraus für die Jobentwicklung in Dienstleistungsberufen und für die Entwicklung von Service im Allgemeinen schließen? Letztlich verschieben sich durch den technologischen Fortschritt vor allem die Bedürfnisse der Menschen. Und neue Bedürfnisse schaffen auch neue Jobs.

Statt uns vor der Digitalisierung und fortschreitenden Automatisierung von Arbeit zu fürchten, können wir die technologische Entwicklung in diesem Licht betrachten: Vielleicht ist Technologie nicht der große Jobkiller, sondern im Gegenteil eine „große Arbeitsbeschaffungsmaschine"[24] – und zwar ganz besonders für alle, die im Service arbeiten!

NICHT SERVICE ODER DIGITALISIERUNG, SONDERN SOWOHL ALS AUCH!

Ich gehe sogar noch einen Schritt weiter: Ich glaube, dass die Digitalisierung sich nicht nur positiv auf die Entwicklung des Arbeitsmarktes im Service-Bereich auswirken wird, sondern auch auf die Qualität des Service. Ich komme aus ähnlichen Gründen zu dieser Überzeugung wie die Studienautoren von Deloitte zu ihrer positiven Einschätzung für den Arbeitsmarkt: Was nicht mehr gebraucht wird, wird durch etwas Besseres ersetzt. Denn das ist ein Gesetz des Marktes.

Ich bin überzeugt: Die Digitalisierung wird den Service nicht kaputtmachen. Sie wird uns im Gegenteil sogar dabei helfen, dass der Service *persönlicher* wird anstatt anonymer. Indem wir nicht Digitalisierung, sondern Service auf Teufel komm raus betreiben. Indem wir genau da digitalisieren, wo es dem Kunden das Leben schöner und leichter macht.

Wenn wir uns bei allen Digitalisierungsmaßnahmen radikal am Kunden orientieren, kann das Ergebnis kein entmenschlichter Service sein, sondern ganz im Gegenteil: ein menschlicherer, persönlicherer Service, der um die nervigen Notwendigkeiten von schematisierten Prozessen bereinigt ist.

Wenn wir uns nach dieser Prämisse richten und gerade bei der Digitalisierung den Faktor Mensch in den Mittelpunkt stellen, dann ist Digitalisierung am Ende nichts anderes als eine Service-Maßnahme – eine Maßnahme im Dienst des Kunden. Deshalb plädiere ich für eine positive, proaktive Haltung zur Digitalisierung:

SERVICE ist die beste DIGITALISIERUNGS-STRATEGIE.

So betrachtet ist die Digitalisierung genau der richtige Anreiz, um SEMO Beine zu machen und unseren Service ganz neu aufzustellen: mit digitalen Mitteln anstatt in Konkurrenz gegen sie – und vor allem: für die Kunden.

Aber wie? Wie digitalisieren wir radikal kundenorientiert? Indem wir beides gezielt anwenden: den Service und die Digitalisierung. Und nach der produktiven Synthese suchen.

Weniger ENTWEDER-ODER, mehr SOWOHL-ALS-AUCH.

Nicht Digitalisierung statt Service ist also die Devise, sondern: mehr Service durch Digitalisierung.

GLÜCKSFÄLLE DER DIGITALISIERUNG

Die beste Art der Innovation ist immer die, die sich gezielt an der konkreten Nutzererfahrung orientiert und von dort aus nach neuen Lösungswegen sucht. Hier gibt es längst eine Vielzahl von positiven digitalen Beispielen, die den Weg in die richtige Richtung weisen. Wenn Sie mögen: Folgen Sie mir einmal in eines dieser typischen Anwendungsszenarien. Es wird uns helfen, dem Muster hinter erfolgreichen Digitalisierungsmaßnahmen im Service auf die Spur zu kommen.

Frau Borsig und der Roboter

Die ältere Dame steht in der Abflughalle und sieht sich verzweifelt um. Sie ist keine Vielfliegerin, will nur ihre Tochter besuchen. Die riesige Halle mit all den Anzeigetafeln und den hektischen Menschen macht ihr Angst. Besonders gut sehen kann sie auch nicht. Sie hat die Bordkarte in der Hand, aber sie hat keine Ahnung, wo sie hin muss - auf der Anzeigetafel steht irgendwas von Terminal E, was auch immer das sein mag. Niemand nimmt Notiz von ihr im Getümmel. Immer wieder sieht sie eine Uniform vorbeiflitzen, mal grün, mal rot, mal blau. Wen soll sie ansprechen? Wer soll ihr helfen? Alle sind so beschäftigt, im Laufschritt von A nach B. Wer ist für sie zuständig? Irgendjemand? Wird sie ihren Flug bekommen? Plötzlich ein leises Surren vor ihr, und ein weißes, kegelförmiges Objekt starrt sie mit niedlichen Kulleraugen an. „Guten Tag, ich bin Airbot! Wie kann ich Ihnen helfen?“ Die ältere Dame ist irritiert. Im ersten Moment hat sie das Ding für eine besonders raffinierte Recycling-Vorrichtung gehalten, denn es hat schon bestechende Ähnlichkeit mit ihrem Mülleimer zu Hause. Aber wenn er schon fragt, der fahrende Eimer - einen Versuch ist es wert! „Mein Name ist Roswitha Borsig, und ich suche Terminal E.“

Frau Borsig rechnet nicht ernsthaft mit einer Antwort; sie ist einfach dankbar für die Ansprache. Doch der Eimer überrascht sie: „Haben Sie eine Bordkarte?"

Jetzt ist Frau Borsig ernsthaft beeindruckt: Das Ding scheint Sie zu verstehen! Zur Sicherheit umklammert sie aber trotzdem ihre Handtasche etwas fester. Man weiß ja nie. „Ja, habe ich", sagt die Frau zögerlich.

Da leuchtet auf der flachen Oberseite von Airbot oder wie das Ding hieß ein Licht auf. „Halten Sie bitte Ihre Bordkarte mit dem Strichcode vor das Licht", bittet der Roboter höflich. Und Frau Borsig – was hat sie denn zu verlieren – tut ihm den Gefallen. „Vielen Dank!", sagt der fahrende Mülleimer. „Ich bringe Sie jetzt zu Ihrem Gate. Bitte folgen Sie mir."

Und dann fährt er los, und Frau Borsig, noch immer ein wenig perplex, folgt ihm. Nach zwei-, dreihundert Metern macht sich langsam ein Lächeln auf ihrem Gesicht breit, denn im Vorbeigehen entdeckt sie Schilder, auf denen tatsächlich „Terminal E" steht. Der Roboter scheint zu wissen, was er tut. Mehr noch: Er scheint auf sie zu achten. Sobald sie im Getümmel verloren zu gehen droht, bleibt Airbot stehen und wartet. Passt sich ihrem Lauftempo an. Dreht sich immer wieder nach ihr um. „Noch etwa zwei Minuten bis Terminal E", zwitschert der Kleine zwischendurch, und Frau Borsig ist langsam, aber sicher verzückt. Ihr Manfred wäre an diesem Punkt schon dreimal wütend geworden und hätte sich fünfmal im Weg geirrt. Und dann bleibt Airbot plötzlich stehen, direkt vor einem Gate, und übergibt Frau Borsig an eine lächelnde Mitarbeiterin. Noch einmal blinkt er mit seinen Kamera-Augen und verabschiedet sich höflich, bevor er im Getümmel verschwindet und sich auf die Suche nach der nächsten verlorenen Seele macht. Frau Borsig blickt ihm ungläubig nach. „Gibt es den auch für zu Hause?", fragt sie die Mitarbeiterin hinter dem Tresen. Die lächelt nur – denn das hat sie in letzter Zeit öfter gehört.

Ja, es gibt sie, die Glücksfälle der Digitalisierung. Das muss gesagt werden, denn bei vielen überwiegt nach der früheren Euphorie inzwischen die Angst vor den Robotern. Sie könnten uns ja die Arbeitsplätze wegnehmen, uns ausspionieren und im nächsten Schritt dann vielleicht noch unseren Töchtern schöne Augen machen.

Kein Wunder also, dass etwa der koreanische Elektronik-Hersteller LG seinen auf der CES 2017 vorgestellten „Airport Guide Robot“ gestaltet hat wie eine besonders putzige Ausgabe von R2D2 aus Star Wars, und so gar nicht menschlich.[25] Das ist inzwischen verblüffend realistisch möglich, doch viele Hersteller verzichten (noch) darauf. Denn wenn Roboter zu menschlich wirken, machen sie den echten Menschen Angst, haben die Entwickler herausgefunden.

Die Szene mit Frau Borsig ist erfunden, denn ein Airbot ist noch gar nicht im regulären Einsatz. Doch sie stehen kurz vor dem Marktstart. Am Flughafen Schiphol in Amsterdam wurde bereits ein Roboter getestet, der Passagiere durch den Flughafen begleitet und zu ihrem Gate bringt. Er heißt Spencer und wird theoretisch einmal jede Sprache der Welt sprechen können – ein klarer Vorteil gegenüber seinen Kollegen aus Fleisch und Blut.[26]

Spencer und vergleichbare Airport-Roboter sind eine sinnvolle digitale Innovation. Hier ist ganz klar, was der Kunde von der Digitalisierung hat und auch wie das Unternehmen von der digitalen Lösung profitiert: Die Airline kann ihre personellen Ressourcen sinnvoller einsetzen und mit den eingesparten Kapazitäten mehr Service machen. Die Mitarbeiter können sich den echten Service-Fällen widmen, wo ein lebender Mitarbeiter unverzichtbar ist und für Kundenbegeisterung sorgen kann. Spencer und seine Kollegen sind ein Win-win-Fall der Digitalisierung.

MENSCHEN UNTERSTÜTZEN STATT MENSCHEN ERSETZEN

Werden wir im Alltag also bald ständig Erlebnisse haben wie Frau Borsig am Flughafen? Davon ist auszugehen: Die Roboter kommen. Und wir brauchen keine Angst vor ihnen haben. Erfindungen wie die Airport-Roboter ersetzen keine Menschen. Vielmehr springen sie in Lücken, die bisher nicht oder nicht ausreichend von Menschen ausgefüllt wurden oder für die es keine Menschen braucht. Sie tun das, wofür Maschinen eigentlich da sind: Sie unterstützen uns.

Dieses Muster – Unterstützung statt Ersatz für den Menschen – halte ich für sehr sinnvoll, denn es steht für eine konstruktive Form der Digitalisierung bzw. Automatisierung. Wenn wir die richtige Balance finden aus analogem Service und digitalem Service, dann haben wir alle etwas davon: die Unternehmen, die Mitarbeiter und vor allem die Kunden. Und die Modelle, von denen der Kunde nichts hat – etwa Chatbots am Telefon –, werden schnell wieder in der Versenkung verschwinden, wenn sie nicht angemessen weiterentwickelt werden. Manches wird sich durchsetzen, vieles nicht.

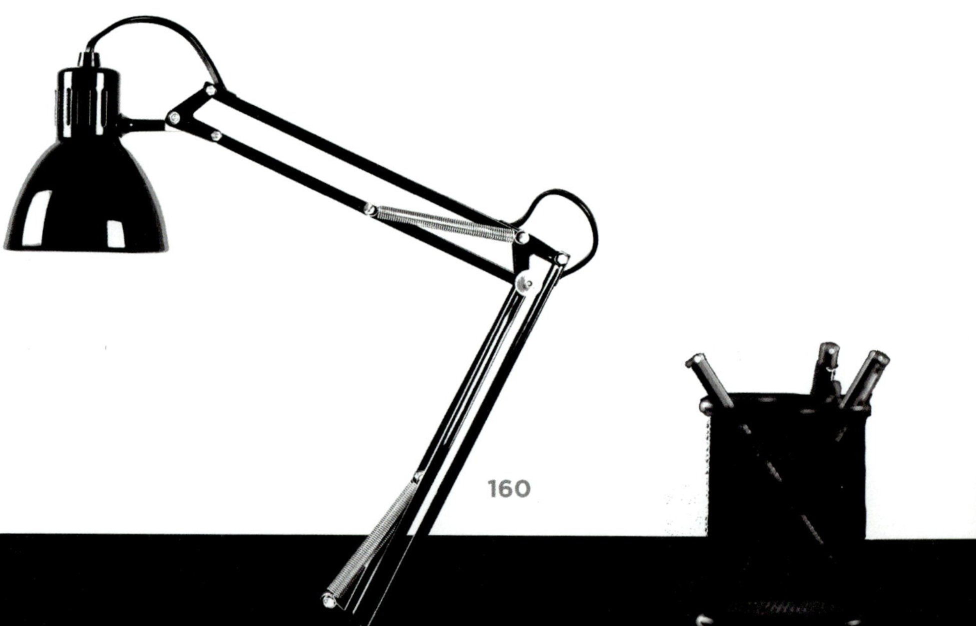

Die natürliche
SELEKTION im Service
macht auch vor der
KÜNSTLICHEN
INTELLIGENZ nicht Halt.

Und diese Selektion hat längst begonnen.

DIGITALE PROZESSE, HERZLICHE BEGEGNUNGEN

Digitale Gesellen wie Spencer sind perfekt geeignet, um Tätigkeiten zu übernehmen, die auch ein Schimpanse erledigen könnte. Solche einfachen, prozesshaften Tätigkeiten binden unnötige Ressourcen. Und ganz ehrlich: lieber einen Roboter als einen unfreundlichen Fahrscheinkontrolleur in der U-Bahn, der seinen Job aus offensichtlichen und durchaus verständlichen Gründen hasst.

Überall da, wo die Digitalisierung uns hilft, einen Prozess für den Kunden unsichtbar zu machen (der Kunde hasst nichts mehr als Prozesse) und eine einfache Service-Lücke zu füllen (wie am Flughafen, wo das Personal überlastet ist), oder da, wo die Roboter sinnvolle Zusatzaufgaben übernehmen, die Menschen nicht oder nicht mit derselben Präzision leisten, können und sollten wir digitalisieren. Und zwar ohne Vorbehalte, mit Experimentierfreude und Mut zum Risiko. Digitalisieren heißt Ausprobieren, und das wird noch lange so bleiben.

Digital lösbare Kundenbedürfnisse wie die von Frau Borsig sind allerdings nur ein Ausschnitt aus dem Spektrum der täglichen Kundenbegegnungen. Wenn wir sie mit digitalen Mitteln kundenfreundlicher gestalten können, tun wir damit unseren Mitarbeitern und Kunden wie Frau Borsig einen großen Gefallen. Doch überall da, wo es darum geht, den Kunden auf der menschlichen Ebene abzuholen, können wir weiterhin auf die Menschen setzen. Die Digitalisierung ist keine Ausrede, um weniger Service zu machen. Sie ist eine Steilvorlage, um mehr Service zu machen. Den echten Unterschied werden wir in der digitalen Welt noch mehr als zuvor auf der menschlichen Ebene machen.

Vorsprung durch Technik? In Zukunft wird dieser Slogan lauten: Vorsprung durch Menschlichkeit.

Drei Prämissen für kundenorientierte Digitalisierungsstrategien:

- Kundenbegeisterung im digitalen Zeitalter ist eine Frage der Balance aus digitaler Leichtigkeit und dem Prinzip Menschlichkeit.
- Digitale Lösungen machen überall dort Sinn, wo sie eine Service-Lücke füllen und keine Menschen gebraucht werden.
- Den entscheidenden Unterschied machen Unternehmen auch in Zukunft durch herzliche Kundenbegegnungen von Mensch zu Mensch.

DIGITALISIERUNG ALS CHANCE

Digitaler Service kann dem echten, persönlichen Service den Boden bereiten – wenn wir ihn in diesem Sinne einsetzen. Manche Experten sehen genau hier, und nur hier, die vielversprechende Prophezeiung des Digitalen: „Künstliche Intelligenz ist kein Substitut, aber sie wird Prozesse verändern“, hat Berater Fabian Kienbaum in einer Podiumsdiskussion des Handelsblatts geäußert.[27]

Die Digitalisierung ist nicht der Feind der Dienstleistung, sondern vielmehr die Chance für mehr und besseren Service.

Schon heute zeichnet sich in Untersuchungen ab, dass genau dieser integrative Weg einer nutzenorientierten Koexistenz von Menschen und Robotern im Service auch dem Wunsch des Kunden entspricht. Die Reiseplattform Travelzoo hat eine internationale Umfrage unter Reisenden durchgeführt, in der unter anderem die Akzeptanz der Kunden gegenüber Robotern im Service abgefragt wurde. Die Ergebnisse sprechen grundsätzlich für den Einsatz von Robotern in bestimmten Bereichen; allerdings wiesen die Befragten den Robotern auch klare

Aufgabenbereiche zu. So befürwortete eine Mehrheit den Einsatz von Robotern im Sinne der Effizienz (also auf der Prozessebene) sowie generell im Umgang mit Daten, weil Roboter grundsätzlich nichts vergessen können. Auch die schon sehr weit ausgereifte Vielsprachigkeit von Robotern stieß auf hohe Zustimmung an relevanten Touchpoints. Allerdings sprechen die Ergebnisse auch eindeutig dagegen, Menschen im Service grundsätzlich durch Roboter zu ersetzen. „Aus unserer Forschung geht ganz klar hervor, dass Verbraucher die Zusammenarbeit von Robotern und Menschen als ideale Lösung ansehen", so Travelzoo-Chef Richard Singer.[28] Wenig überraschend zeigten sich die generell eher veränderungsscheuen Deutschen auch bei dieser internationalen Umfrage mal wieder vorsichtiger als andere Nationen. Sie äußerten sich grundsätzlich eher abgeneigt gegenüber Robotern im Service als zum Beispiel Chinesen und Brasilianer.[29]

Die Kunden wünschen sich also mitnichten maximale Digitalisierung und Automatisierung, sondern zweckmäßige Innovation. Bei den vielzitierten „digitalen Kunden" der Gegenwart haben wir es nicht mit Digital-Fetischisten zu tun, denen die Technologie gar nicht weit genug gehen kann. Einen Fehler, den manche Unternehmen derzeit machen, dürfen wir also getrost vermeiden: Digitalisierung um der Digitalisierung willen ist keineswegs das, was der Kunde braucht – oder wünscht.

ERFOLGREICH DIGITALISIEREN – DER DRAHT ZUM KUNDEN

Oft ist es nicht nur unzweckmäßig, Digitalisierung auf Teufel komm raus zu betreiben – es kann sogar gefährlich werden. Wenn Unternehmen an der falschen Stelle oder auch inkonsequent digitalisieren, laufen sie nämlich Gefahr, einen entscheidenden Erfolgsfaktor zu untergraben: den Draht zum Kunden. Wenn Digitalisierung darauf hinausläuft, dass beziehungsrelevante Schnittstellen und Kundenkontakte wegdigitalisiert werden, kann das Kunden massiv vor den Kopf stoßen.

Gerade im Vertrieb ist das Wie der Digitalisierung deshalb eine sehr sensible Angelegenheit. Viele Unternehmen bauen in vorauseilendem Gehorsam ihren Vertrieb auf Online um und gehen damit ein hohes Risiko ein. Insbesondere Unternehmen mit komplexen Vertriebs- und Verkaufsstrukturen, verschiedenen Vertriebspartnern und erklärungsbedürftigen Produkten wie Versicherungen, Banken und anderen Finanzdienstleister können den Kunden mit einer halbgaren Digitallösung leicht verprellen. Oft muss hier das Amazon-Modell als Vorbild herhalten. Doch ein komplexer Versicherungs- oder Finanzkonzern ist nicht Amazon – und der Apparat hinter dem digitalen Frontend meist nicht so transparent und flexibel, wie die einfache Online-Maske zum Abschluss einer Versicherung es suggeriert.

Das dicke Ende kommt also später, wenn der Kunde – ein Mensch – seine Meinung oder seine Bedürfnisse ändert und die typisch digitale Flexibilität vom Unternehmen erwartet, welche die digitale Oberfläche der Transaktion ihm suggeriert. Konservative Unternehmen reagieren jedoch auf jede Veränderung mit einem langwierigen Change-Prozess und suchen im Ergebnis immer den Ruhezustand. Doch der ist in einer digitalen Welt nicht mehr zu haben:

CHANGE ist der neue NORMAL-ZUSTAND.

Deshalb ist es für konservativ aufgestellte Unternehmen gefährlich, die digitalen Erfolgsrezepte anderer Unternehmen einfach zu kopieren und auf die bestehenden Strukturen zu pfropfen. Die „digitale DNA" des Unternehmens muss perfekt zum Unternehmen und vor allem zum Kunden passen. Sie darf den Draht zum Kunden nicht kappen – sie dient vielmehr dazu, ihn zu unterstützen.

Das heißt nicht, dass in klassischen Vertriebsorganisationen nicht digitalisiert werden könnte. Doch die Tatsache, dass sie in ihrer Komplexität und relativen Anonymität in hohem Maße von der persönlichen Beziehung zwischen Kunden und Vertriebspartnern, Verkäufern und Vertretern leben, darf nicht ignoriert werden. Vielmehr ist es sinnvoll, wenn die Digitalisierung in solchen menschenzentrierten Vertriebsorganisationen gerade die menschliche Komponente fördert, anstatt sie zu eliminieren.

Die Menschen im Außendienst leisten bei der Kundenbindung die eigentliche Arbeit. Ohne sie gibt es keine Loyalität. Sinnvoll zu digitalisieren, kann hier also nicht bedeuten, den Vertreter oder Verkäufer zu ersetzen, sondern ihn digital zu unterstützen. Wenn automatisierte Hintergrundprozesse ihm etwa dabei helfen, Bürokratie zu vermeiden, ist das ein guter Einsatz digitaler Mittel. Wenn der Außendienst als wichtige Schnittstelle zum Kunden dagegen durch eine Applikation ersetzt wird, die naturgemäß keine emotionale Kundenbindung leisten kann, untergräbt das Unternehmen sein eigenes Erfolgsmodell im Kern.

Kriterien für eine kundenorientierte Digitalisierungsstrategie

- Passt die digitale Lösung zum Bedarf des Kunden (zum Beispiel Online-Shop statt Shopfloor oder beides)?
- Passt die digitale Lösung zu den Produkten (immaterielle, erklärungsbedürftige Produkte brauchen die menschliche Interaktion eher als Konsumgüter)?
- Passt die digitale Lösung zur Unternehmensstruktur (eine komplexe, change-averse Organisation kann dem digitalen Veränderungstempo möglicherweise nicht standhalten)?

WENIGER IST MEHR – FOKUS AUFS WESENTLICHE

Die Warnungen der Digital-Experten sind ein weiterer Beleg für die These, wie wichtig es ist, jede digitale Lösung im Service – und darüber hinaus – radikal am Kunden auszurichten. Die Erfahrung Ihrer Führungskräfte und Mitarbeiter im Service liefert Ihnen zweifellos zahllose weitere Indizien. Ich selbst bin seit fast drei Jahrzehnten im Service. Seit 25 Jahren bin ich Führungskraft in Service-Unternehmen. Seit mehr als einem Jahrzehnt mache ich mir als Unternehmer Gedanken darüber, wie der Service in meinen eigenen Unternehmen immer besser werden kann. Ich habe in dieser Zeit viele Technologien kommen und gehen sehen. Und jedes einzelne Mal habe ich dieselbe Erfahrung gemacht: Der Sinn oder Unsinn von Innovation bemisst sich auf Dauer immer an ihrer Effektivität am Kunden.

Alle Erfindungen in Unternehmen, die dauerhaft erhalten geblieben sind – von der Fließbandproduktion in der Industrie bis zum digitalen Kassensystem im Restaurant –, haben unterstützenden Charakter. Sie machen das Leben des Kunden schöner, indem sie dem Unternehmen das Leben leichter machen. An den richtigen Stellen! Die Technologie, die sich am Ende durchsetzt, schenkt uns mehr Zeit für das Wesentliche. Und die Technologie, die das nicht tut, fliegt raus.

In diesem Sinne ist der Nutzen der Digitalisierung klar identifizierbar:

Die Digitalisierung ist ein Werkzeug, um den Service bestmöglich zu individualisieren.

Durchsetzen werden sich genau die Technologien, die den Draht zum Kunden verbessern, anstatt ihn zu kappen.

DIGITALISIERE LIEBER DIFFERENZIERT!

Es gibt viele Beispiele dafür, wie Unternehmen mit solchen Lösungen wie den oben beschriebenen Begeisterung erzeugen – und zwar nicht nur die üblichen Verdächtigen, die neuen digitalen Großkonzerne und agilen Start-ups, sondern auch andere. Traditionsunternehmen, die den Schritt in die Digitalisierung mit allen Stolpersteinen aus eigener Kraft und mit vollem Risiko bewältigen müssen, haben oftmals ebenfalls eindrucksvolle Strategien vorzuweisen.

Der Schweizer Aufzug- und Fahrtreppenhersteller Schindler etwa gilt als Pionier der Industrie 4.0 – und das ganz ohne revolutionäres digitales Geschäftsmodell und überbordende Digitalisierungsexperimente am Kunden. Das Unternehmen hat seinen Kundenservice und seine Prozesse auf beispielhafte Weise verbessert, indem es vor allem seine

Mitarbeiter mit digitalen Lösungen unterstützt und ihnen damit mehr Raum gibt, um individuell und schnell auf die Kunden einzugehen.

Der schwierigere und komplexere Teil des Geschäfts von Schindler ist nicht die Herstellung von Aufzügen und Fahrtreppen, sondern deren Wartung und das Eingreifen bei Störungen – der Service-Anteil des industriellen Geschäftsmodells also. Mehr als die Hälfte der 57 000 Schindler-Mitarbeiter sind mobile Außendienstler, die Anlagen warten, Defekte beheben und Verschleißteile ersetzen.[32] Früher war jeder dieser Techniker mit einer Wagenladung dicker Handbücher und einer Auswahl der gebräuchlichsten Ersatzteile unterwegs. Den Schaden begutachten konnte er jedoch immer erst vor Ort. Oft musste er dann Teile im Zentrallager beschaffen, das rund 40 000 Artikel umfasst – ein langsamer und ineffizienter Prozess, an den sich dann noch mühselige und zeitfressende Schreibarbeit im Büro anschloss.

Heute passiert all das bei Schindler-Technikern digital. Jeder der rund 30 000 Techniker verfügt über ein iPhone, das dank einer speziell programmierten App sein digitaler Werkzeugkoffer ist. Über diese App wird der Techniker nicht nur vom Kunden oder seinem Einsatzleiter bestellt; sie terminiert seine Touren auch so, dass Leerfahrten und Umwege weitgehend vermieden werden können. Auch auf die Baupläne jeder einzelnen Anlage und die Wartungspläne des jeweiligen Kunden haben die Techniker online Zugriff. Zudem kommt das Smartphone auch als Analysetool bei der Prüfung der Anlagen vor Ort beim Kunden zum Einsatz, und sogar Ersatzteile werden ohne Verzögerung auf diesem Wege bestellt und dem Techniker dann direkt ins Auto geliefert.

Die Digitalisierungsmaßnahmen setzen bei Schindler an genau den Stellen an, an denen neue Technologien sich sinnvoll integrieren lassen, ohne aber einen großen Show-Effekt zu erzeugen. Große Teile davon sind für den Kunden praktisch unsichtbar, denn sie wirken sich vor allem auf der Prozessebene aus. Die Techniker im Außendienst sind nicht durch Bürokratie und langwierige Prozesse blockiert. Und genau davon profitieren auch die Kunden durch schnelleren, effektiveren Kundenservice – obwohl sie es auf der wichtigen Service-Ebene nach wie vor mit menschlichen Mitarbeitern zu tun haben. In einem Geschäft, das in hohem Maße auf Vertrauen (in die Marke und die Technik) baut, ist das eine grundvernünftige und dennoch hochgradig innovative Vorgehensweise, von der auch das Unternehmen durch hohe Effizienz und bessere Ergebnisse profitiert. Die konstruktive Herangehensweise spiegelt sich in der erfrischend differenzierten Haltung zur Digitalisierung bei Schindler wider. Chief Digital Officer und Mastermind hinter der erfolgreichen Digitalisierungsstrategie von Schindler, Michael Nilles, sieht die Zukunft seines Unternehmens absolut pragmatisch: „Wir werden nie ein rein digitales Unternehmen sein."[30]

Und das ist auch gut so. Denn schon heute spricht einiges dafür, dass die Maschinen den Service eher menschlicher machen werden, als er es heute ist. Viele digitale Trends schaffen neue Geschäftsmodelle, verändern alte – und lösen gleichzeitig Gegentrends aus, die dem Motto „je analoger, desto besser" zu folgen scheinen.

BEDIENE DICH SELBST – SELF-SERVICE UND DIE FOLGEN

Einer der großen digitalen Trends ist der sogenannte Customer-Self-Service. Manche Beispiele dafür gehören zu den typischen Ergebnissen fehlgeleiteter Fortschrittsgläubigkeit in den Führungsetagen: Self-Service ist oft das, was dabei herauskommt, wenn Unternehmen eher unreflektiert „drauflos digitalisieren". Die Idee kann eigentlich nur ein SEMO gehabt haben. Denn eigentlich ist das ein Widerspruch in sich: entweder „Self" oder „Service". Die Benennung des Konzepts ist ein großes Missverständnis, das sich leider schon mit den Schnellrestaurants im letzten Jahrhundert durchgesetzt hat: Ich kann mich nicht selbst bedienen.

Und doch wird so manche Effizienzmaßnahme zur Kostensenkung mit genau diesem Etikett versehen, um das Weglassen von Service sprachlich aufzuwerten. Mit dem Gemüseabwiegen im Supermarkt fing es an. Heute, mit der steigenden Bedeutung gesunder Ernährung und einer Vielzahl von Food-Trends, versuchen die Supermärkte interessanterweise wieder gegenzusteuern, indem sie mit fachmännischer Beratung und Events in den Märkten eine neue Service-Orientierung proklamieren.

Warum wohl wird das Obst vielfach wieder an der Kasse gewogen? Warum stellen die Werbekampagnen Supermarktmitarbeiter als Lebensmittelexperten dar? Weil sie gemerkt haben, dass Self-Service eben nicht kundenfreundlich ist. Und weil etliche Blüten des Effizienzwahns – zum Beispiel die störanfälligen Selbstzahler-Kassen der ersten Generation – vor allem den Discountern einen schlechten Ruf beschert haben.

Andererseits gibt es inzwischen auch Technologien, die den Kassierern wirklich ernsthaft Konkurrenz machen. Wie real deren Kündigungsrisiko in naher Zukunft ist, zeigt sich am Beispiel der Amazon-Go-Supermärkte, die 2017 gestartet sind. Hier gibt es überhaupt keinen physischen Kassenprozess mehr. Der Kunde nimmt die Ware aus dem Regal und geht einfach. Den Rest erledigen ausgeklügelte Sensoren und eine Software, die den fälligen Betrag einfach vom Amazon-Konto des Kunden abbucht und eine Rechnung per E-Mail verschickt. Ich glaube, es ist nicht weit hergeholt zu behaupten: Dieses Beispiel wird rasant Schule machen.

In anderen Branchen hat sich der Trend zum Self-Service bereits heute großflächig durchgesetzt. Inzwischen sind wir unsere eigenen Paketboten, Reiseverkehrskaufleute, Kellner und Produktdesigner. Ich persönlich bin kein Freund dieses Trends – jedenfalls nicht als bloßer Sparmaßnahme und in der Verbreitung, die er inzwischen gefunden hat. Wie jeder Trend hat auch der Self-Service seine Berechtigung, seine sinnvollen Anwendungsgebiete – und seine Grenzen. Ich bin überzeugt, dass viele Unternehmen sich damit keinen Gefallen tun. Die Ideologie schafft den Service-Excellence-Faktor ab, denn sie reduziert die Chancen zur Kundenbegeisterung enorm. Sie kommt nur für Unternehmen infrage, die Kundenbindung nicht nötig haben oder bei denen der Preis das alleinige Steuerungselement der Kundenorientierung darstellt – wenn also der Preis den Service-Grad steuert.

INTEGRIERTER SELF-SERVICE: WENN DER SERVICE DEN PREIS STEUERT

Doch auch beim Self-Service gibt es Möglichkeiten, Innovation zu integrieren, ohne den Service-Gedanken deshalb aufzugeben. Ein digitaler Self-Service, der sich nahtlos in eine konsequente Service-Strategie integriert, kann das Image einer Marke sogar aufwerten.

Die treibende Kraft dieses Trends sind vor allem Apps. Ein bekanntes Beispiel ist Nespresso: Sie können in die Nespresso-Shops gehen und mit echten Menschen reden. Sie können sich von George Clooney beraten lassen und sich die Zunge an einem echten Espresso verbrennen, bevor Sie ihn kaufen. Oder Sie können den Kaffee online per Nespresso-App bestellen. Ohne Verbrennungen, dafür auch ohne Geschmackserlebnis. Ich kann mich noch gut erinnern: 2007 fanden wir es noch komisch, dass wir unseren Kaffee online kaufen sollten. Von einer Marke, die in ganz Deutschland damals nur zwei oder drei Shops hatte. Heute finden wir das völlig normal. Nespresso ist mit dieser Strategie zu einer Weltmarke geworden. An den wenigen Stellen, wo Sie es tatsächlich mit echten Nespresso-Mitarbeitern zu tun bekommen, erhalten Sie Premium-Service. What else? Der Großteil des Umsatzes aber findet per Self-Service statt – eigentlich gar nicht Premium.

Bei Nespresso ist eben nicht der Preis das eigentliche Steuerungselement der Kundenerfahrung – sondern der Service. Den Premium-Kilopreis für die Nespresso-Kaffees in den winzigen Kapseln rechtfertigt einzig und allein das Premium-Image der Marke. Und das wird – neben einer genialen Marketingstrategie – erst durch den herzlichen, menschlichen Service in den Boutiquen aufgebaut. Durch die Experten, mit denen der Kunde am Verkaufstresen sprechen kann. Durch die elegante Einladung zu einer Tasse Espresso bei jedem Besuch. Durch die persönliche Betreuung in jeder Boutique, an der Nespresso-Hotline und auch auf den digitalen Kanälen, die die Marke für sich nutzt. Durch den Expressversand, die Vorzugsbehandlung für Geschäftskunden, die persönliche Ansprache in der Kommunikation.

Nespresso hat eine clevere Digital-Strategie gefunden: Die eigentliche Transaktion findet in der Masse digital statt, nämlich im Online-Shop. Doch alles, was an Nespresso Service ist, kommt hochwertig, persönlich und individuell daher. Nespresso nutzt die Digitalisierung, um an den analogen Touchpoints mehr Service, besseren Service zu machen. Und damit letztlich über den Service den Premium-Preis zu steuern. Effizienz und Prestige gleichzeitig: eine Digitalisierungsstrategie, die Teil einer stimmigen Service-Strategie ist, macht sogar das möglich.

GEGENTRENDS DES DIGITALEN SERVICE: BACK TO THE ROOTS

Der Trend zum Self-Service hat allerdings in vielen Branchen auch einen Gegentrend ausgelöst: die Rückbesinnung auf den guten, alten, hirn-, herz- und handgemachten Service von Mensch zu Mensch. Sogar in Bereichen, in denen er schon fast verloren schien.

Natürlich ist es kein Zufall, dass das altmodische Handwerk um den Kaffee parallel zur Erfolgsgeschichte von Nespresso auch in der analogen Welt boomt und seit einigen Jahren immer neue Blüten treibt. Barista ist ein Trendberuf. Die Café-Konzepte werden immer individueller, immer edler, immer komfortabler. Der Dialog zwischen Kunde und Barista hört sich heute schon mal so an:

„Bitte einen Soy Latte Decaf vom Meerkatzen-Kot mit Karamellreduktion und Blattgold-Streuseln to go."

„Mit oder ohne Stevia?"

„Mit, bitte. Aber in den mitgebrachten Becher, bloß kein Papier verschwenden!"

Wenn Mitarbeiter und Kunden in einer Geheimsprache sprechen, die nur Eingeweihte verstehen, geht es eben nicht nur um eine Transaktion von Ware gegen Geld. Dann geht es vielmehr um Zugehörigkeit, um Identität, um Kultur – und vor allem geht es um *mehr* Service und *mehr* Qualität. Auch das ist eine Folge der Digitalisierung: Je größer der Mangel an menschlicher Wärme, neugieriger Interaktion, Zugehörigkeit und nicht zuletzt sensorischer Qualitätserfahrung durch die Digitalisierung wird, desto größer wird das Bedürfnis danach.

Das Kaffeehandwerk ist nicht die einzige Retro-Bewegung, welcher der große Effizienzwahn und im nächsten Schritt die Digitalisierung zu neuer Blüte verholfen haben. Das Geschäft mit klassischen Services nach dem Motto „Back to the roots" boomt. So sprießen gerade in Großstädten klassische Barbershops aus dem Boden, die das Friseurhandwerk im Stil des 19. Jahrhunderts neu beleben. Der gestresste – und häufig wieder barttragende – Manager genießt es, das Smartphone auszuschalten und sich in die geschulten Hände eines Barbiers zu begeben, der ihn mal ordentlich einseift und ihm das Rasiermesser an den Hals hält. Ein kleiner Nervenkitzel in einer gestengesteuerten und doch zunehmend berührungsarmen Datenwelt. Beim Barbier seines Vertrauens kann der digitale Mann von heute endlich mal wieder seine fünf Sinne einsetzen: das Schaben der Klinge auf dem Wetzleder wahrnehmen, das Aufblitzen des kühlen Metalls im Licht der Retro-Lampe, der Geschmack des Rasierschaums auf den Lippen, das befriedigende Kratzen

des Rasiermessers auf der Haut direkt über der Halsschlagader, der Geruch des edlen Aftershaves. Früher eine unverzichtbare Selbstverständlichkeit im Leben des kultivierten Mannes, heute ein exotischer Luxus. Gerade weil die technisierte, digitale Welt uns in so vielen Aspekten von den Genüssen der guten, alten Service-Welt entfremdet hat, entdecken wir sie zunehmend wieder.

DIGITALE SERVICE-EXCELLENCE: KOMMUNIKATION AUF EINEM NEUEN LEVEL

Der Produkt-Support in den sozialen Netzwerken ist ein weiterer digitaler Trend. Heute können Sie nicht mal mehr Stützstrümpfe für rüstige Rentner verkaufen, ohne bei Facebook zu sein. „Wie im richtigen Leben haben wir auch virtuell die Wahl, ob wir mitschwimmen oder gestalten wollen“[31], habe ich in meinem Buch *Das Leben. Ein bunter Hund* über die Potenziale der Vernetzung im digitalen Zeitalter geschrieben – über den Einzelnen als Protagonisten der neuen sozialen Vernetzung. Für die Teilnahme von Unternehmen an den digitalen Vernetzungsmöglichkeiten gilt dasselbe. Die persönliche digitale „Signatur“ eines Unternehmens hat heute direkte ökonomische Relevanz.

In der digitalen Welt ist alles sichtbar. Und deshalb zählt auch alles: jeder Moment, jede Kundenbegegnung, jede Interaktion.

Das Unternehmen muss in einer vernetzten Welt immer direkt ansprechbar sein. Und manchmal kommt dabei eine großartige Publicity-Geschichte heraus.

Der Brite Wes Metcalfe wollte sich eigentlich nur ein Gurkensandwich machen. Zu diesem Zweck kaufte er bei der Supermarktkette Tesco eine Salatgurke ein – wie üblich eingeschweißt in einer Folie. Zu Hause musste er feststellen, dass sich zwischen Salat und Folie eine unerwartete Proteinbeilage geschlichen hatte: ein Regenwurm. Wie viele Kunden hinterließ Metcalfe daraufhin eine Beschwerde auf der Facebook-Seite von Tesco – allerdings mit einer gehörigen Prise britischen Humors.

Seine Kinder hatten zunächst begeistert auf das neue Haustier reagiert und den Wurm auf den Namen William getauft. In seiner Facebook-Beschwerde schrieb Metcalfe: „24 Stunden später, und William hat sich immer noch nicht bewegt. Bei genauerem Hinsehen erschien er ziemlich flach und ich denke, er könnte tot sein. Ich habe nun drei sehr traurige Kinder, eine Wurmbeerdigung, die organisiert werden muss, und als Krönung auch noch komplett den Appetit auf Gurkensandwiches verloren, die jedem als liebster Leichenschmaus bekannt sind. Wie wollt ihr euch da wieder rauswinden, Tesco?“ Und das Social-Media-Team von Tesco ließ sich nicht zweimal bitten. Anstelle eines standardisierten Antwortschreibens verfasste ein Angestellter namens „Tesco Rob“ ein Kondolenzgedicht auf William, den Wurm, und schickte es Metcalfe mit der Bitte: „Es wäre wunderbar, den Vers bei Williams Beerdigung vorzulesen.“

Daraufhin verselbstständigte sich die Kommunikation zwischen Kunde und Kundenbetreuer, und der Austausch wurde binnen kürzester Zeit zu einem viralen Hit. Metcalfe postete ein Bild der Beerdigung – samt Porträtfoto des toten Wurms im Schlamm, einer gefälschten Kondolenzkarte von Tesco und einem weiteren Gedicht.

„Tesco Rob“ reagierte mit einer Neufassung des Superhits „Wonderwall“, den er in „Wonderworm“ umtaufte, und die beiden reflektierten humorvoll über den tragischen Wurmtod und die Lektionen, die daraus zu ziehen seien.

Wes Metcalfe wurde ersichtlich zum Tesco-Fan – obwohl er einen Wurm in seiner Gurke gefunden hatte. Und Tausende teilten seine Begeisterung für die Kundenbetreuung der anderen Art durch die Supermarktkette.

Wenn der Wurm das noch hätte erleben dürfen: Er ist als Ikone der Digitalisierung gestorben.

Wie ist dieser Coup zustande gekommen? Facebook ist nur der Kanal, auf dem dieser Austausch stattgefunden hat. Aber was ist hier eigentlich passiert? Ein Austausch von Mensch zu Mensch. Zwei launige Zeitgenossen haben sich einen Spaß gemacht. Und Zigtausende haben sich totgelacht. Und sie haben sich ganz neu für die Alltagsmarke Tesco begeistert. Auch das vermag Service zu leisten – wenn der Mensch auch in einer digitalen Welt ohne Abstriche die Hauptrolle spielt.

SERVICE-EXCELLENCE ist kein Projekt, sondern eine UNTERNEHMENSKULTUR.

Nur einer kann so etwas nicht: SEMO. Um so auf Menschen einzugehen, müssen Mitarbeiter nämlich emotional ganz beim Kunden sein und bei seinem Bedürfnis andocken können. SEMO hat gegen die Roboter und Algorithmen nur eine Chance, wenn wir ihm zeigen, dass seine Menschlichkeit sein bestes Argument im „Service of the fittest" ist.

Die Digitalisierung hebt die Kundenkommunikation auf eine neue Ebene – sowohl inhaltlich als auch in ihrer Bedeutung für das Unternehmen. Mitarbeiter in den Service-Standards der Branche zu schulen, kann nur die Basis sein – wichtiger ist ein verbindlicher Kodex für die Kundenkommunikation, der auf vertrauensbildenden Tugenden aufbaut:

Werte in der Kundenkommunikation

- Respekt
- Augenhöhe
- Empathie
- Betonung gemeinsamer Interessen
- Lösungsorientierung
- kundenorientiertes Beschwerdemanagement

Noch wichtiger aber ist, dass jeder Mitarbeiter am Kunden über die nötigen Freiheiten verfügt, um mit einem Höchstmaß an Menschlichkeit flexibel, spontan und kreativ auf Ideen, Einwände und auch Beschwerden der Kunden zu reagieren. Die Geschichte von William, dem Wurm, hätte es wohl kaum über die erste Nachricht des Kunden hinausgeschafft, wenn „Tesco Rob" ein SEMO gewesen wäre, der erst seinen Vorgesetzten um Erlaubnis gefragt hätte, mit dem Kunden menschlich, humorvoll und auf Augenhöhe kommunizieren zu dürfen.

Vom Aufzughersteller Schindler über die neuen Retro-Barbiere bis hin zu William, dem Wurm, zeigen die Beispiele: Service-Excellence stirbt nicht aus – weder im Digitalen noch durch das Digitale. Der Kunde will immer noch die menschliche Begegnung und das besondere Erlebnis. Nicht das eine oder das andere, nicht Service oder Digitalisierung, sondern das Sowohl-als-auch.

Service-Qualität ist der Abgleich zwischen KUNDEN-ERWARTUNG und KUNDEN-ERLEBNIS.

Daran hat sich durch die Digitalisierung nichts geändert – sie erweitert nur unsere Möglichkeiten.

FUCK DIGITAL: WENN ROBOTER UNS AN DIE WÄSCHE WOLLEN

Jede Revolution erreicht irgendwann einen Höhepunkt, der die Konsolidierung der neuen Verhältnisse einleitet. Bei der Digitalisierung ist dieser Punkt noch längst nicht erreicht – vielmehr stehen wir am Anfang. Doch jede Revolution trägt auch ihre eigenen Begrenzungen in sich, die meist schon frühzeitig erkennbar werden.

Die großen gesellschaftlichen Narrative haben immer Nebenschauplätze, an denen die Fantasien überborden und die Utopie in eine Dystopie umschlägt. Diese Momentaufnahmen einer unerwünschten Zukunft machen deutlich, was wir herbeisehnen, was wir zu tolerieren bereit sind und eben auch, wo das Menschliche im Menschen die Grenzen zieht – die Moral, der Gerechtigkeitssinn, die Natur. In einigen Randerscheinungen der Digitalisierung rückt uns das theoretisch Machbare schon heute so nahe auf die Pelle, dass wir innehalten und die Fernbedienung suchen, um auf Pause zu drücken. In diesen Momenten erkennen wir: Es ist nicht alles digital, was klickt. Manchmal macht es stattdessen im Kopf „klick“, und wir spüren: Bis hierher und nicht weiter.

Service bedient Bedürfnisse – aber nicht alle. Jedenfalls nicht offiziell und nicht immer legal. Selbst dem Menschen sind im Service Grenzen gesetzt, weil manches Zwischenmenschliche sich nicht – oder immer nur unzureichend – als Markt mit Angebot und Nachfrage abbilden lässt. Den Markt, den ich meine und den Sie längst ahnen, gibt es wirklich. Er ist nicht nur der älteste Markt der Welt, sondern auch sehr lukrativ. Und auch diesen Markt schicken digitale Konkurrenten sich bereits an zu revolutionieren. Natürlich. Wenn es ein Geschäftsfeld gibt, mit dem sich immer Geld verdienen lässt, dann ist es Sex.

Tenga, ein japanischer Hersteller von Sexspielzeug, hat einen Sex-Anzug mit dem Namen „Illusion VR“ erfunden.[32] Die erste Charge soll schon kurz nach der Markteinführung ausverkauft gewesen sein. Der Anzug kombiniert eine Virtual-Reality-Brille, wie sie unter anderem auch für Computerspiele und 360-Grad-Videos eingesetzt werden, mit einem Ganzkörperanzug. Über die Brille genießt der Anwender die visuellen und akustischen Reize einer virtuellen Schönheit. Dafür wurde eigens ein VR-Game namens „SexyBeach“ im Stil japanischer Sex-Mangas entwickelt, die sich dort seit Jahrzehnten großer Beliebtheit erfreuen. Der Anzug besorgt den Rest, indem er es dem Nutzer … na, Sie wissen schon. Dafür sind an den strategisch notwendigen Stellen des Anzugs mechanische Teile angebracht, die den visuellen Kick um den physischen ergänzen – passend zur jeweiligen Aktion der virtuellen Geliebten im sexy Game, natürlich.[33]

Nun kann ich mir durchaus vorstellen, dass der Anzug und weitere virtuelle Spielzeuge, die zweifellos folgen, keine Absatzschwierigkeiten haben werden. Immerhin kann der Anzug im Gegensatz zu einer Geliebten aus Fleisch und Blut diskret im Büroschrank hängen. Der umtriebige Ehemann muss nicht mal mehr unter falschem Namen ein Hotelzimmer buchen oder nach dem Besuch im Etablissement Geld auf den Nachttisch legen.

Der Künstler Michael Najjar hat sich für seine Serie von Kunstwerken mit dem Titel „End of Sex“ schon kurz nach der Jahrtausendwende intensiv mit der Vorstellung einer berührungslosen, entmenschlichten Zukunft der Sexualität auseinandergesetzt und die technische Entwicklung in seinen visionären Bildern vorausgesehen. Er sieht in der neuen „Cyberotic-Welt“, die den menschlichen Körper in digitale Repräsentationen seiner selbst auflöst und das zerebrale Vergnügen über jeden sozialen Zweck menschlicher Interaktion setzt, nicht zuletzt das Ende von Amüsiermeilen wie St. Pauli gekommen: „Wer wollte da noch sein Geld für skianoraktragende Blondinenklone zum Fenster raus- oder für gelangweilte Schnellfickschaufensterpuppen zum Fenster reinwerfen?"[34]

Die digitalen Amüsierhilfen werfen für den Einzelnen ganz neue Fragen auf: Müssen wir die Diskussion, was als Fremdgehen gilt und was nicht, nun aufs Neue führen? Zählen Roboter-Geliebte als Ehebruch oder nicht? Läuten die digitalen Sexspielzeuge tatsächlich das Ende der horizontalen Dienstleistungsbranche ein? Ich konnte mich nicht überwinden, zu diesen drängenden Themen der Zeit einen Experten zu befragen.

Doch die wichtigste aller Fragen, die auch auf jede andere Form digitaler Dienstleistungen und die Potenziale von Robotern im Allgemeinen anzuwenden ist, beantworten die japanischen Digital-Eskapaden mit schöner Eindeutigkeit: Können Maschinen den Menschen wirklich ersetzen? Selten ist mir eine Antwort leichter gefallen: Nein, können sie nicht. Das Machbare ist nicht immer das Begehrenswerte. Das Digitale ist und bleibt ein Substitut.

Digitalisierung ist nicht EVOLUTION, sondern eine KULTURERSCHEINUNG.

Schon immer hat es emotionale Bedürfnisse gegeben, die nur von Menschen bedient werden konnten; keine technologische Entwicklung hat daran etwas ändern können. Auch die Digitalisierung wird an diese Grenzen stoßen. Denn am Ende des Tages geht es beim Service um jene „Chemie“ des Zwischenmenschlichen, die eben keine exakte Wissenschaft ist und nie wird sein können. Was für die Fleischeslust und noch mehr für die Liebe unter Partnern gilt, gilt schließlich auch für andere starke emotionale Bedürfnisse wie Glück und Zufriedenheit, Freude und Trauer, Zugehörigkeit und Geborgenheit: Die Natur des Menschen ist einfach nicht digitalisierbar. Deshalb ist Service nicht die Summe des Machbaren.

Service ist, wenn Ihr Kunde Sie dafür liebt.

WARUM SERVICE DIE BESSERE DIGITALISIERUNGS-STRATEGIE IST

Welcher Schluss lässt sich aus all dem ziehen? Wie digital werden wir sein, und wie sieht die Zukunft des Service aus? Das Zeitalter, das kommt, wird digital sein, aber es wird auch ein Zeitalter des Menschlichen sein, und zwar ganz besonders im Service. Je digitaler unsere Unternehmen werden, desto höher wird der Anspruch an unseren Service sein.

Digitale Strategien und Werkzeuge tragen dann zur Kundenbegeisterung bei, wenn sie in eine konsequente Service-Strategie eingebunden sind, die den Kunden als Menschen ohne Wenn und Aber in den Mittelpunkt stellen. Je mehr die Digitalisierungseuphorie abebbt, desto selbstverständlicher wird das Nebeneinander der neuen Technologien und der guten, alten Service-Kunst werden. Die besten werden gewinnen – Mensch oder Algorithmus, je nach Einsatzgebiet. Das Herz und die Seele des Service jedoch werden morgen genauso wie gestern und heute von Menschen gemacht.

Von diesem entscheidenden Gedankenschritt ins Handeln zu kommen, geht mit digitalen Mitteln in der Tat präziser und schneller als je zuvor:

Denken wir jeden PROZESS aus Sicht des KUNDEN-NUTZENS.

Beim digitalen Service geht es nicht in erster Linie darum, welche Technologien Sie nun konkret nutzen. Es kommt darauf an, welche *Strategie* Sie verfolgen. Und diese Strategie gibt auch vor, wie Sie an allen Touchpoints mit dem Kunden auf seine Bedürfnisse einzahlen.

Wie der Service in Ihrem Unternehmen digital gestaltet wird, ist eine Frage, die sich direkt auf alle Berührungspunkte auswirkt. Also auch darauf, wie und wo Sie Ihre Produkte verkaufen. Auf die Vertriebswege und auf deren Gestaltung. Der Aspekt der Kundenbegeisterung steht immer ganz oben – digital noch mehr als analog. Denn genau hier liegt die Chance, sich von Ihrer Konkurrenz abzusetzen.

Die beschriebenen Beispiele zeigen, wohin der Trend geht:

Digitale Erfolgsfaktoren

- Erfolgreiche digitale Services gehen weit über das ursprüngliche Produkt hinaus.
- Eigentlich geht es darum, dem Kunden das Leben leichter zu machen.
- Werden Sie zu einem Freund, der dem Kunden weiterhilft!
- Der Kunde will Leichtigkeit und Komfort.
- Er will spüren, dass jemand sich Gedanken über ihn gemacht hat.

Jeder digitale Service wird heute vom Kunden am selben Maßstab gemessen wie jeder analoge Service: an seinem realen Nutzen im Alltag. Service ist keine Automesse, bei der gern auch weniger realistische Prototypen gezeigt werden. Service dreht sich um den Menschen.

Also packen wir die Digitalisierung nicht mit der Frage an, ob wir Roboter brauchen, oder eine App oder einen Video-Chat. Fragen wir uns lieber, wie wir unserem Kunden das Leben leichter machen können. Schöner: Womit wir ihm eine Freude machen können. Womit wir seine Probleme lösen können. Womit wir seine Erwartungen übertreffen können. Digitale Service-Excellence dient dazu, die Verbindung zwischen uns und unseren Kunden zu stärken. Dafür ist sie da. Nicht mehr und keinen Deut weniger.

Die Erfindung eines Barbier-Roboters mag nur eine Frage der Zeit sein. Vielen Dank – ich passe. Wenn ich mir meine Kehle durchschneiden lasse, dann lieber von einem Menschen aus Fleisch und Blut. Wenn eines nicht auf meinem Grabstein stehen soll, dann: „Killed by a robot."

Drei Impulse für digitalen Service

- Orientieren Sie sich am menschlichen Bedürfnis, nicht am technisch Machbaren! Auch digitaler Service sorgt nur dann für Begeisterung, wenn der Mensch im Mittelpunkt steht.
- Nutzen Sie die Digitalisierung als Chance für mehr und besseren Service! Digitaler Service bietet dann einen Mehrwert, wenn er Sie dabei unterstützt, individueller auf den Kunden einzugehen.
- Integrieren Sie Ihre Digitalisierungsstrategie in eine übergeordnete Service-Strategie! Es kommt nicht darauf an, technologisch vorn zu sein, sondern den Kunden mit neuen Lösungen zu begeistern.

Dass wir digitaler werden müssen, wissen wir alle. Außer SEMO. Dass die Entwicklung immer weitergehen wird, wissen wir auch. Doch stellen wir nicht die Digitalisierung in den Mittelpunkt, sondern den Kunden! Service ist für Menschen da – und sie werden den Maßstab dafür setzen, was funktioniert und was nicht. Die goldene Regel des digitalen Service ist eine Frage:

Wie kann ich meinem Kunden das Leben SCHÖNER und LEICHTER machen?

4. ALLEINSTELLUNGSMERKMAL SERVICE

WIE SIE SICH FÜR DEN DIGITALEN WETTBEWERB WAPPNEN

Seit der Digitalisierung wird der Wettbewerb immer enger und die Abgrenzung von der Konkurrenz immer schwieriger. Selbst das beste Produkt und das schönste Design reichen heute nicht mehr, um sich ausreichend abzugrenzen – jedenfalls nicht für lange Zeit. Seit der Globalisierung gibt es immer jemanden, der es schneller, besser und billiger machen kann. Seit der Digitalisierung gibt es immer jemanden, der es digital machen kann.

Je digitaler die Welt wird, desto dringender brauchen wir neue USPs – in allen Branchen. Und Service ist das beste Alleinstellungsmerkmal von allen. Ich glaube: Die Zukunft gehört nicht der Digitalisierung. Die Zukunft gehört dem Service.

Schon heute ist Service längst nicht mehr nur der Wettbewerb zwischen Dienstleistern um die höchste Zimmerauslastung oder den zweiten Michelin-Stern. Auch nicht mehr nur der Wettbewerb zwischen Versicherern um die am leichtesten verständlichen AGB. Und auch nicht nur der Wettbewerb zwischen den deutschen Airlines und der Deutschen Bahn um die beste Pünktlichkeitsquote (als ob der Sieg in diesem Wettbewerb für irgendjemanden eine Auszeichnung wäre). All das ist immer noch Service, doch es ist nur mehr ein Teil dessen, was wir unter Service verstehen.

Service ist heute auch überall da relevant, wo man sich ihm bis vor wenigen Jahren noch erfolgreich verweigern und die Service-Wüste verteidigen konnte, weil die Konkurrenz ebenfalls blockierte. Doch dann kam die Digitalisierung und mit ihr neue Konkurrenten, die neue Services als Waffe gegen die etablierten Wettbewerber entdeckten. Dieser Aspekt der Digitalisierung wird in der allgemeinen Debatte aus meiner Sicht stark unterschätzt: *Die Digitalisierung ist vor allem eine Service-Revolution.*

WETTBEWERB 4.0

Wegen der neuen digitalen Konkurrenten ist Service heute auch der Wettbewerb um den Käufer eines Holzkohlegrills, der es eilig hat, weil gerade zum ersten Mal im Jahr die Sonne scheint. Der Händler, der zuerst kommt (idealerweise im Zwei-Stunden-Wunschliefertermin-Fenster bis an die Wohnungstür), den Grill auspackt, aufbaut und auf dem Rückweg auch noch den Müll entsorgt, mahlt zuerst. Das ist keine klassische Einzelhandelskompetenz mehr. Das ist Service 4.0 – jetzt auch mit Drohne. SEMO hat gegen diese Entwicklung natürlich so seine Einwände, denn SEMO will ja nicht. „So ein Blödsinn! Da verlangst du aber zu viel, Kunde! Immerhin hätte man den Sommer ja durchaus kommen sehen und den Grill jederzeit kaufen können, oder? Und ich soll jetzt alles stehen und liegen lassen und dir einen Grill liefern? So weit kommt's noch!"

Ja, so weit kommt's noch. Ob es SEMO nun passt oder nicht: Der (digitale) Kunde wünscht, was er wünscht. Er kann und darf nicht dafür verantwortlich gemacht werden, dass sein Verhalten ganze Industrien disrupiert.

Der Kunde darf das. Der Kunde hat recht.

Deshalb – nicht nur, aber vor allem deshalb – ist Service heute die wettbewerbsentscheidende Disziplin in *jeder* Branche.

SERVICE ist jetzt ÜBERALL.

Und deshalb haben all die SEMOs da draußen, der SEMO in mir und der SEMO in Ihnen plötzlich schlaflose Nächte. Denn an ihnen, an uns liegt es jetzt. SEMO hat das Schicksal des Unternehmens in der Hand. SEMO ist die Schlüsselfigur im Drama der Digitalisierung.

SEMO muss aufwachen. Besser gestern als heute.

EVOLUTION DER DINOSAURIER

Da wir nun schon den Geruch der Grillkohle in der Nase haben, bleiben wir im Bild: Irgendwie muss man ja hin, an den See, wo man den Grill aufzustellen gedenkt. Bisher kein service-relevantes Bedürfnis. Kofferraum auf, Grill rein, ab in die Sonne. Womit wir beim Thema Mobilität wären, genauer gesagt bei der Deutschen liebstem Kind: dem Auto. Und auch da ist die Disruption bereits in vollem Gange.

Ungünstig ist das für die Autohersteller, die bisher mit dem Verkauf von konventionellen Autos ihr Geld verdient haben. Sie haben zwar schon immer auch Service gemacht, im Sinne von klassischem Kundenservice. Denn dass Kunden gepflegt werden wollen, genau wie Autos, muss man schon lange keinem DAX-Konzern mehr erklären – auch wenn das bei vielen noch immer als „weicher Faktor" unterschätzt wird (damit SEMO nicht „hart arbeiten" muss). Doch dass der Service-Gedanke im Sinne eines tiefgreifenden Verständnisses für veränderte Kundenbedürfnisse für die Autobauer einmal zum Zünglein an der Waage werden könnte, damit hat auch in dieser Industrie noch vor zehn, vielleicht sogar vor fünf Jahren niemand so richtig gerechnet oder rechnen wollen. Doch nun droht auch diese Branche akut dis…, na Sie wissen schon, zu werden. Weil das Bedürfnis nicht mehr Freude am Fahren heißt, sondern Mobilität. Und die Antwort darauf lautet nicht mehr „Benziner" oder „Diesel", nicht mal mehr „geiler Sportwagen" oder „SUV", sondern „ Elektromobilität" und „selbstfahrendes Auto".

Nur sind einige früher darauf gekommen als die großen Automobilkonzerne mit ihrem großen, trägen Bürokratieapparat. Die sind bei der Selbsterkenntnis naturgemäß ein wenig langsamer unterwegs als die schlanken, durchtrainierten kalifornischen Jungs in ihren Garagen mit den Surfboards an den Wänden. Immerhin wird ja nicht weniger von den Dinosauriern verlangt, als ihre jahrzehntelange Kernkompetenz aufzugeben und sich neu zu erfinden. Und das in einem Land, in dem immer alles so lange wie möglich bleiben soll, wie es ist, bis hin zur verdammten Handbremse. Und zack, war ein anderer schneller mit dem rein elektrisch angetriebenen Auto in Serienproduktion für ein breites Publikum, und das auch noch zuerst im Luxussegment. Wurde damit zum Börsen- und, schlimmer noch, Investoren- – und jetzt kommt das Schlimmste – Publikumsliebling. Vom Rennen um das erste selbstfahrende Fahrzeug mal ganz zu schweigen.

Und Tesla ist nicht allein im Kampf um die Mobilitätskrone. Gleich mehrere Amerikaner liegen hier vorn – nicht um eine Fahrzeuglänge, sondern um mehrere Runden. Bereits heute zeichnet sich außerdem ab, dass viele Menschen irgendwann gar keine eigenen Autos mehr kaufen werden, sondern nur noch die „Mobilitätsdienstleistung" an sich. Spätestens dann werden aus Autoherstellern „Mobilitätsdienstleister".

Und SEMO reibt sich die Augen: „Moment mal – ich muss erst mal das mit der Handbremse verdauen!"

FIT FÜRS SERVICE-GAME?

Im digitalen Wettbewerb herrschen raue Sitten. Ganz gleich, an welchem Punkt Ihre Industrie, Ihr Unternehmen in dieser Entwicklung gerade steht: Dem SEMO-Impuls in unserem Inneren, die neuen Konkurrenten für eine Modeerscheinung zu erklären, überwinden wir besser ganz schnell. Vieles von dem, was die neuen digitalen Konkurrenten machen, ist nicht in erster Linie eine geniale technologische Idee, sondern vor allem eine geniale Service-Idee. Das Auto, das auf Knopfdruck gerufen werden kann (und bald auch von selbst vor die Tür fahren wird)? Eine Service-Idee. Das Paket, das per Drohne nur noch 30 Minuten braucht statt drei Tage? Eine Service-Idee. Kinofilme zu Hause statt im Kino, ohne nervigen Proll in der Reihe hinter mir, der mit Popcorn wirft? Eine Service-Idee. All diese Geschäftsmodelle werden durch Technologie ermöglicht, doch ihr Kern ist die Erfüllung eines starken Kundenbedürfnisses. Wer in diesem Service-Game der Beste sein will, gleich in welcher Branche, der muss verdammt fit sein.

Um Trendsetter in einer Branche zu bleiben, muss man heute zum Beispiel sehr schnell sein. Aber nicht nur das: Um die digitalen Konkurrenten zu schlagen, muss man auch kreativ sein. Und um sie tatsächlich noch zu vertreiben, wenn sie schon beim Kunden auf dem Sofa sitzen, muss man mehr sein als schnell und kreativ: Man muss schlicht und ergreifend die besseren Argumente haben. Denn daran, immerhin, hat sich nichts geändert: Der Kunde trinkt am Ende mit dem ein Bier, der sich am besten um ihn kümmert. Zum besten Kumpel wird der, der seine Bedürfnisse am besten versteht und ihm jeden Wunsch von den Augen abliest und erfüllt, bevor er ihn ausgesprochen hat, ja, bevor er ihn überhaupt gedacht hat. Zu wissen, was der Kunde will, ist das eine. Doch Empathie allein reicht nicht mehr. Zu verstehen und als Erster anzubieten, was der Kunde wollen wird, und es dann auch noch brillant umsetzen – das ist der nächste Schritt und in Zukunft eine Fähigkeit, die man gar nicht überbewerten kann.

Was das für eine Fähigkeit ist, fragen Sie? Hier ist die Antwort: Service. Und auch wenn sich die Beschreibung der Service-Kompetenz im Wettbewerb 4.0 liest wie die Definition einer Superkraft aus dem Universum der Comic-Helden: Die Unternehmen, die das am besten draufhaben, haben in den letzten Jahren eine Branche nach der anderen zwischen Zeigefinger und Maustaste aus den Angeln gehoben. Mit einem schwungvollen Links-Klick haben sie sie gegen die Wand mit den Börsenkursen geworfen und anschließend mit einer lässigen Rechts-Links-Klick-Kombination neu zusammengesetzt. Seitdem stehen sie im Auswahl-Menü ganz oben, und auf der Anzeigetafel mit den Börsenkursen auch.

Deshalb sind Lösungen gefragt, die auf jeder Ebene, in jeder Größenordnung funktionieren und sofort sichtbar sind. Wir brauchen Lösungen, die der Kunde direkt spürt und die nicht in der Bürokratie hängen bleiben. Und genau an solchen Lösungen mangelt es in der allgemeinen Digitalisierungspanik noch vielen, auch wenn allerorten die Strategen sich die Köpfe heiß reden. Wir dürfen nicht nur über unsere Strukturen nachdenken – wir müssen jetzt, hier und heute Lösungen finden, damit kein Blatt Papier zwischen uns und die Kunden passt, wenn die digitale Konkurrenz sich dazwischenschieben will. Wir müssen ran an die Kunden. Denn Kunden zu halten ist schwierig genug – sie zurückzugewinnen noch viel, viel schwieriger.

Never ever lose a customer!

GEFÄHRLICHES ZÖGERN

Sollte die digitale Konkurrenz Ihre Branche noch nicht überrollt haben, machen Sie sich nichts draus: Sie landen früher oder später auch auf dem Radar der digitalen Service-Piraten, ganz bestimmt. Angst macht angreifbar, und Digitalisierung ist definitiv ansteckend. Ein Unternehmen, das die Angst noch nicht erfasst hat, hat nicht etwa Glück gehabt. Vielmehr leidet es unter dem, was Psychologen beim Menschen eine „dissoziative Störung" nennen würden, im Klartext: Realitätsverlust. Die Disruption ist real, und die Angst ist berechtigt. Glauben Sie es einem, der vergeblich versucht hat, die Piraten aus seiner Lobby zu verjagen.

Und dennoch zögern die deutschen Unternehmen weiterhin. Zwar wagt kaum noch jemand, seine Skepsis angesichts der Digitalisierung in Worte zu fassen, doch die Reaktionen bleiben bei der Mehrzahl zaghaft – und bei manchen ganz aus. Die Unternehmensberatung Tata Consultancy Services (TCS) unternahm mit Bitkom Research eine Erhebung unter rund 800 deutschen Unternehmen. Das Ergebnis? „Vielen Unternehmen fehlt nach wie vor das Bewusstsein für den disruptiven Charakter der Digitalisierung."[35] Nur die Hälfte der Befragten sehe Digitalisierung als ein wichtiges Ziel ihres Unternehmens an. In der Regel würden nur diejenigen Unternehmen, die dem Thema bei ihrer Zukunftsplanung tatsächlich Priorität einräumen, überhaupt eine Digitalisierungsstrategie entwickeln.[36] Zwar würden die meisten Firmen in irgendeiner Weise auf die neuen Kundenbedürfnisse reagieren, indem sie etwa das bestehende Portfolio um irgendwelche digitalen Leistungen ergänzen oder veraltete Produkte vom Markt nehmen. Aber das Geschäftsmodell grundsätzlich überdenken? Bei den meisten Fehlanzeige.[37]

Der Boden für weitere Eroberer ist also bereitet: Wir haben ihnen noch immer nicht viel entgegenzusetzen – im Durchschnitt betrachtet. Dabei sind sich laut einer IBM-Studie unter 5200 Führungskräften weltweit die meisten Manager der Gefahren durchaus bewusst.[38] Besonders die so genannten „Wadenbeißer" machen vielen Managern Sorgen: die kleinen, neu gegründeten digitalen Konkurrenten, die sich überfallartig auf eine Branche nach der anderen stürzen. „Sie sind klein, smart und agil. Sie werden nicht durch eine traditionelle Infrastruktur behindert. Tatsächlich haben sie oft überhaupt keine Infrastruktur, da sie die Assets anderer Anbieter nutzen."[39]

Uber ist ein Beispiel dafür, wie effizient diese Strategie ist. Die Kalifornier machen Geld damit, dass sie den Kunden *gefühlt* von A nach B bringen, obwohl sie das gar nicht selbst tun. Sie nutzen die Ressourcen, also die Fahrzeuge und Arbeitskraft ausgelagerter Arbeitskräfte. Gerade arbeiten sie daran, dass die Autos sich auch noch selbst fahren. Eine mögliche Zukunftsstrategie des Unternehmens ist, dass selbst die freien Fahrer nicht mehr benötigt werden und Uber früher oder später nur noch mit einem Hersteller kooperieren muss, der autonome Fahrzeuge produziert – um dann dessen Ressourcen zu nutzen, während Uber selbst sich auf die digitale Vermittlung konzentriert.

Das ist eine neue Art von Service, den es vor der Digitalisierung nicht gab – der *virtuelle Service.* Vielleicht geht es Ihnen wie mir, und Sie tun sich schwer damit, das überhaupt Service zu nennen. Aber diese Herausforderung gibt es nun mal, und wir können sie nicht ignorieren.

Die Online Travel Agents (OTA) zum Beispiel machen ebenfalls virtuellen Service. Das sind jene Websites, auf denen Sie Ihr Hotelzimmer bequem online buchen können – samt Preisvergleich mit anderen Anbietern und oft auch günstiger als bei den Hotels direkt. Diese Plattformen bieten nur die Buchung und Zusatzleistungen wie Reiseversicherungen an – greifen also auf die Assets anderer Unternehmen zurück. Sie haben sich mit ihrem Service als reine Vermittler an einer Stelle in die Wertschöpfungskette der Hotels eingeklinkt, wo sie den Gästen das Leben leichter machen können, ohne selbst physisch einen Finger krumm machen zu müssen. Und das ist leider clever. Mit diesem Moment der Bedürfniserfüllung werden die OTAs nämlich identifiziert. Billig buchen? Fair, vergleichbar und bis 18 Uhr kostenfrei stornierbar buchen? Internet! Dabei ist das nichts, was ein gut geführtes Hotel seinen Gästen nicht auch bieten könnte. Betonung auf: ein gut geführtes Hotel.

So funktioniert das Geschäft der Service-Piraten: eine einzige Bedürfnis-Erfüllungs-Idee, ein geschickter Griff in die Wertschöpfungskette der echten Dienstleister, und schon haben wir anderen eine Baustelle mehr. Aber an dieses Klima müssen wir uns gewöhnen. Auch wenn es uns schwerfällt. Es gibt Firmen wie Uber, Booking.com, Trivago oder AirBnB, die auf diese Weise erfolgreich sind, und auch deren Geschäftsmodell hat mit Service zu tun. Weil Service heute eben nicht mehr (nur) das bedeutet, was wir früher einmal darunter verstanden haben.

Deshalb stehen SEMO harte Zeiten bevor: Er muss sich neue Kompetenzen aneignen. Mehr noch: Er muss komplett hinterfragen, was Service eigentlich ist. Bisher ist er mit seinem Regelbuch und seinen Checklisten ganz gut durchgekommen. Doch damit ist Schluss: Die Regeln, die Listen und der lehrbuchmäßige Service der Vergangenheit ist gerade mal die halbe Wahrheit, wenn das Ziel Kundenbegeisterung lautet.

DIE SOLLBRUCHSTELLE ZUR CHANCE MACHEN

Service im engeren Sinne – der Service, den die klassischen Dienstleister bieten – ist natürlich etwas anderes als das, was die Service-Piraten mit ihrer „Nichts-Wirtschaft“ praktizieren. Wenn Dienstleister im herkömmlichen Sinne den Kunden verprellen, dann weil sie ihm den Rotwein persönlich übers Hemd schütten oder das falsche Produkt verkaufen. Nicht hinten rum, durch fiese Klauseln in den AGB, die kein Mensch liest. Die Dienstleister der alten Schule machen persönlichen Service. Von Mensch zu Mensch. Und deshalb können sie das, womit die Hipster ihr Geld verdienen, eigentlich auch viel besser als die. Oder haben Sie schon einmal versucht mit Google zu telefonieren?

Fast jedes Geschäftsmodell ist an irgendeiner Schnittstelle anfällig für die Service-Piraten. Doch in diesen Sollbruchstellen liegt auch eine Chance – und die kann theoretisch jedes Unternehmen genauso nutzen wie die Piraten. Doch wo das Kind bereits in den Brunnen gefallen ist oder die Natur des Bedürfnisses die agilen digitalen Unternehmen ganz einfach begünstigt, ist diese Erkenntnis natürlich nicht viel wert. Ein einzelnes Hotel oder ein mittelständischer produzierender Betrieb kann online nicht gegen eine digitale Datenkrake bestehen, die durch schiere Präsenz den Schlüssel zum Buchungs- oder Handelsmarkt in den Händen hält.

Doch in den eigentlichen Paradedisziplinen der Unternehmen können die digitalen Konkurrenten wiederum in den seltensten Fällen gegen die Service-Profis anstinken, deren Ressourcen sie anzapfen.

Die digitalen Konkurrenten können vielleicht die Wertschöpfungskette kapern. Aber nicht da, wo der eigentliche Service passiert. Die OTAs zum Beispiel haben keine Hotels. Da können sie den Hoteliers nicht gefährlich werden. Noch nicht.

Da, wo es beim Kunden wirklich zur Sache geht, ist persönlicher Service immer noch konkurrenzlos.

Und genau da liegt unsere große Chance. Das ist der Punkt, an dem auch Sie sich von allen Konkurrenten abheben können. Von den alten und von den neuen digitalen. Sie können Ihren Kunden Service bieten, den kein anderer bieten kann. Echte Begegnungsqualität, nicht virtuelle.

WIE PERSÖNLICHER SERVICE EINEN BREXIT VERHINDERTE

Ein Beispiel, um den Unterschied zwischen persönlichem Service und virtuellem Service zu verdeutlichen: Rufen Sie mal bei Booking.com an, wenn Sie sich ohne Hose aus Ihrem Hotelzimmer ausgesperrt haben. Und dann schauen Sie mal, ob Sie da geholfen werden!

Wenn Sie jetzt denken: Das ist nun kein sehr realistisches Kundenbedürfnis, dann möchte ich Ihnen aus Erfahrung widersprechen.

Es gibt Kamera-Bilder aus meinem Hotel, die zeigen dies: Mitten in der Nacht irrt ein Gast sturzbesoffen durchs Hotel – er ist eine jener Kreaturen der Nacht, die ich im Prolog erwähnte. Ein Extremfall, zugegebenermaßen. Doch Service ist nie die Quersumme der möglichen Ereignisse.

SERVICE ist immer ein EINZELFALL.

Und deshalb ist dieser Gast auch kein Sonderfall, sondern ein Beispiel von vielen, warum exzellenter Service von Mensch zu Mensch nie nach Schablone ablaufen kann – und deshalb auch von keinem Algorithmus gekapert werden kann.

Niemand weiß das besser als die Rezeptionistin, die sich nun mit dem nackten Engländer auseinandersetzen muss, denn er hat sich ausgesperrt. Klar: Wer keine Hose anhat, hat auch keine Schlüsselkarte in der Tasche.

Stellen Sie sich vor, dieser nackte Gast steht plötzlich vor Ihnen und lallt: „I have a biiiiiig problem! I lost the key to my room!"

Ich weiß ja, was ich ihm antworten würde: „Sie haben ganz was anderes verloren, mein Lieber!" Oder vielleicht: „Also ein *großes* Problem kann ich hier nicht sehen, Sir!" Deshalb stehe ich schon lange nicht mehr selbst an der Rezeption: Ich könnte mir den Scherz nicht verkneifen.

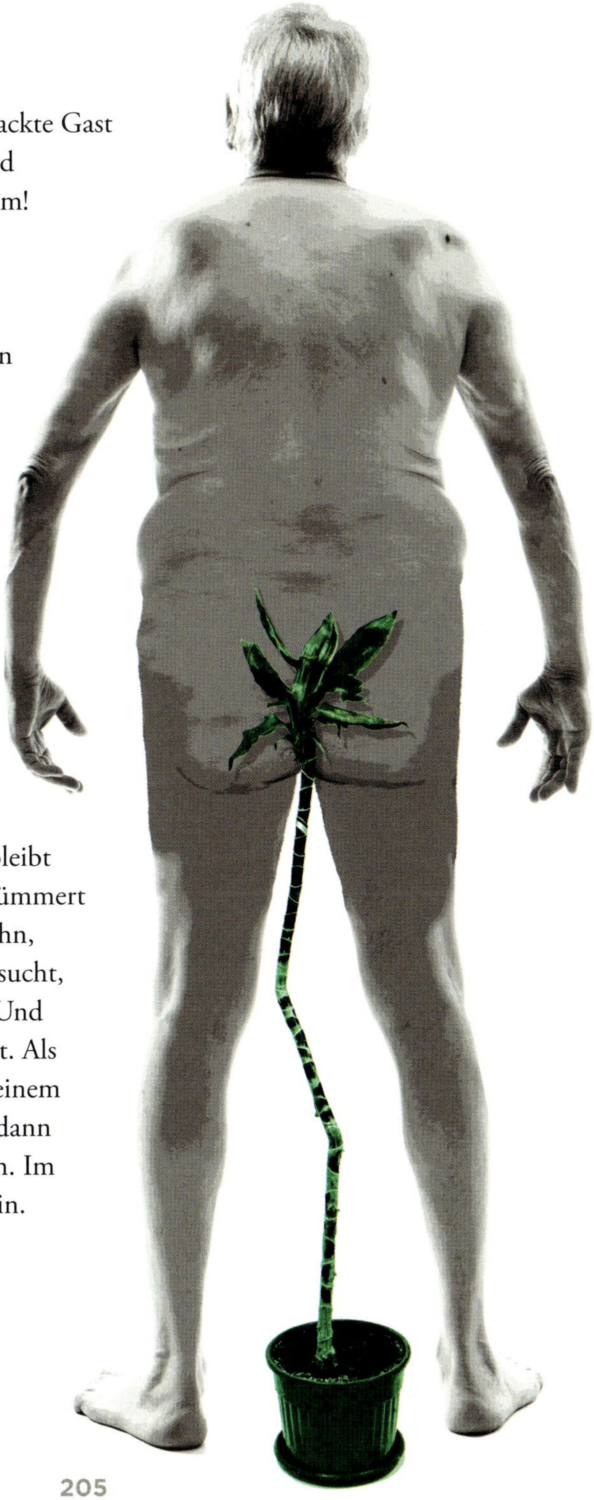

Doch die Kollegin, die an diesem Abend Dienst hat, bleibt nett und empathisch und kümmert sich ganz professionell um ihn, während sie angestrengt versucht, nicht den Blick zu senken. Und das ist garantiert nicht leicht. Als der Kerl wieder sicher auf seinem Zimmer ist, desinfiziert sie dann erst mal den Rezeptionstisch. Im Hotel kehrt endlich Ruhe ein.

Und die Rezeptionistin bekommt von den Kollegen an der Bar erst mal einen Schnaps zur Beruhigung. Es gibt Momente, da ist Trinken im Dienst irgendwie doch eine gute Idee.

Sie hat den Gast übrigens nicht zum letzten Mal gesehen. Am nächsten Tag schlägt er wieder an der Rezeption auf. Dieses Mal nüchtern und sogar bekleidet. Wie der Zufall es so will, hat gerade dieselbe Rezeptionistin Dienst. Die arme Kollegin muss alle Mühe aufbringen, um sich nichts anmerken zu lassen. Aber sie schafft es. Mit reuigem Blick tritt der Engländer auf sie zu und fragt flüsternd: „Entschuldigen Sie die blöde Frage, aber ich war gestern sehr betrunken und kann mich an nichts erinnern. Und wenn ich betrunken bin, dann stelle ich manchmal einen ziemlichen Blödsinn an. Habe ich mich irgendwie danebenbenommen?"

Wissen Sie, was die Kollegin sagt? „Nicht, dass ich wüsste, Sir!"

Das ist persönlicher Service. Und von so etwas haben die OTAs keine Ahnung. Das machen die echten Dienstleister. Sie machen den Service, bei dem Persönlichkeit gefragt ist.

SERVICE bedeutet: Wir KÜMMERN uns um dich.

Auch wenn du ein nackter, betrunkener Engländer bist – wenn wir eigentlich die Polizei rufen und einen harten Brexit veranlassen sollten.

ME-TOO IST KEIN ALLEINSTELLUNGSMERKMAL

Nicht nur im Dienstleistungssektor ist Service die beste Strategie, um der neuen und der alten Konkurrenz die Stirn zu bieten. Auch wenn Sie zu den produzierenden Unternehmen gehören, brauchen Sie heute viel mehr als ein gutes Produkt.

Was tun Sie derzeit, um sich von der Konkurrenz abzuheben? Viele Unternehmen in den Massenindustrien versuchen sich durch den Preis zu unterscheiden: value for money, genauer gesagt: less value for less money.

Spätestens seit die Globalisierung die produzierende Industrie mit der erdrückenden Konkurrenz aus Fernost konfrontiert hat, ist der Preis von Produkten in vielen Marktsegmenten zum zentralen Unterscheidungsmerkmal geworden: Innerhalb umkämpfter Marktsegmente wird seither kräftig an der Preisschraube gedreht – nach unten natürlich. Das ist eine kontraproduktive Entwicklung, die nicht zu echter Alleinstellung taugt. Sie birgt nämlich ein großes Risiko: Über den Preis locke ich den Kunden vielleicht einmal an. Aber eben auch nur einmal.

Wer den Kunden nur über den Preis gewinnt, wird ihn auch des Preises wegen wieder verlieren.

Mit Discounts, Nachlässen und Rabatten ist keine Alleinstellung mehr zu haben. Wenn Sie mich fragen: Rabatt ist eine Stadt in Marokko, und die andere Bedeutung können wir gern aus dem Duden streichen.

Ebenso kontraproduktiv ist die andere offensichtliche Reaktion auf Konkurrenz im selben Preissegment: Wenn beim Preis nach unten nichts mehr geht, wird auf der anderen Seite der Gleichung etwas aufaddiert. Das Produkt bekommt Extras, die es bei der Konkurrenz auch schon gibt – es wird also aufgeladen, im Leistungsumfang verbreitert: „Pimp my product!" Sie kennen das zum Beispiel vom Autokauf, wenn der SEMO mit Krawattennadel die Spendierhosen anhat und ganz großzügig ein paar billige Fußmatten drauflegt.

Wenn ich ein Produkt auf diese Weise aufmotze, kann ich es vielleicht tatsächlich kurzfristig besser abverkaufen. Loyalität zu meiner Marke entsteht so aber nicht. Wie effektiv ist denn die Alleinstellung, wenn man sich durch das Hinzufügen von irgendetwas, das andere auch haben, der Konkurrenz anpasst?

Die Erfolgsrezepte anderer sind die Erfolgsrezepte anderer.

Der große Me-too-Wahn hat dazu geführt, dass wir uns ständig vergleichen. Das Ergebnis: Wir werden dem Mitbewerber immer ähnlicher, ja gleicher, also immer austauschbarer. Deshalb sieht ein BMW heute aus wie ein Mercedes und ein Samsung Galaxy wie ein iPhone. Rasierer haben inzwischen 27 Klingen, weil immer noch einer einen draufpacken musste. Immer mehr von dem, was es schon gibt.

KOPIEREN geht schneller als INNOVIEREN.

Deshalb ist inzwischen fast jede Nische am Markt schon übersättigt – und die Chinesen sind garantiert auch schon da. Sogar für (noch) erfolgreiche Unternehmen ist das ein ständiges Risiko.

Das muss doch auch anders gehen. Das können wir besser. Wie können wir uns abheben?

Auch die Benchmarkerei, die in manchen Unternehmen einen Großteil der Führungsstrategie gegen den Wettbewerb ausmacht, hat sich inzwischen als ineffektiv erwiesen. Eine US-Studie hat gezeigt, dass große Unternehmen im Schnitt 35 Millionen Dollar jährlich für die Leistungsmessung ausgeben – mit geringem Erfolg.[40] Dafür mit dem Effekt, dass das Vertrauen der Mitarbeiter in die Führungskräfte beschädigt wird. 95 Prozent der Manager sind laut derselben Studie mit der Evaluationspraxis unzufrieden.[41] Eigentlich kann ich mir das Argumentieren also sparen: Sie haben wahrscheinlich sowieso keine Lust auf den standardisierten Quatsch.

Benchmark und Best Practice sind die romantische Schnulze für Copy and Paste.

Und wenn ich Benchmarks schreibe, dann meine ich damit auch jegliche Art von extern erwünschten oder selbst auferlegten Quoten, die letztlich nur den COMOs als Ausrede dienen, um nicht wirklich etwas im Unternehmen verändern zu müssen. Die Kunden sind heute bestens informiert. Sie beurteilen ein Unternehmen eben nicht mehr nur nach dem Preisschild, sondern auch nach seiner Haltung. Denn natürlich übertragen wir unser Bild von einer Marke automatisch auf unsere Erwartungshaltung als Kunden. Unternehmen, die sich in relevanten gesellschaftlichen Fragen glaubwürdig positionieren, zahlen mit ihrem Engagement direkt auf die Kundenbindung ein.

Ein Beispiel ist die unsägliche Diskussion um die Frauenquote, die zeitgemäßen Unternehmenskonzepten einfach nicht würdig ist. Wir brauchen keine Quoten, wir brauchen Freiheit im Denken. Was halten die Kunden im 21. Jahrhundert wohl von der lächerlichen Diskussion, ob Frauen für bestimmte Positionen geeignet sind oder nicht? Antwort: Gar nichts. Unzählige Pionierinnen und starke Unternehmerinnen haben sie längst beantwortet. Anstatt eine Quote einzuführen, die echte

Innovation doch wieder nur zur Verhandlungsmasse macht, können wir uns abheben, indem wir uns als Unternehmen und auch im Service mutig gegen den Wind positionieren und es anders machen als alle anderen. Ohne Quote, dafür aus Überzeugung.

Keine der alten Strategien – weder der Dreh an der Preisschraube noch Copy & Paste im „Pimp my product"-Wettbewerb, noch die Benchmarkerei – ist dazu geeignet, Kunden langfristig ans Unternehmen zu binden und sich deutlich von der Konkurrenz abzusetzen. Es gibt immer einen, der schneller oder billiger ist; und wer dem Markt immer nur hinterherläuft, kann nicht innovativ sein. Selbst bahnbrechende Produkte werden heute in kürzester Zeit von ihren billigeren Kopien eingeholt – oder eben durch erfolgreiches Pimping. Auf der Produktebene ist kaum noch eine langfristige Alleinstellung zu erzielen. Und auch auf der Organisationsebene reicht es längst nicht mehr aus, einfach nur dem Trend hinterherzuhumpeln.

Was können wir tun gegen die scheinbare Übermacht des Digitalen? Die Antwort ist auch hier wieder: Service. Wir können den Service in den Mittelpunkt all unserer Überlegungen rücken. Denn im Gegensatz zu all den Me-too-Strategien der Vergangenheit macht der Service uns nicht gleicher, sondern handlungsfähig.

Der Service gehört in den Mittelpunkt jeder Unternehmensstrategie.

SERVICE IST UNSERE CHANCE

Service ist unser bestes Argument im Wettbewerb 4.0 – wenn wir ihn zum Dreh- und Angelpunkt unseres Geschäftsmodells machen.

Nur wie, fragen Sie? Die Antwort ist in jedem Unternehmen sehr individuell, folgt jedoch immer dem gleichen Ziel: indem wir uns auf das konzentrieren, was die neue Konkurrenz eben nicht kann.

Die Digitalisierung mag unserem Geschäftsmodell zusetzen. Doch den Unternehmen, die weniger an ihren Produkten und Prozessen hängen als vielmehr an ihren Kunden, kann sie auch zum Vorteil erwachsen. Denjenigen von uns, die radikal kundenorientiert und damit auch bereit sind, sich den Kundenbedürfnissen entsprechend zu wandeln, spielt sie auch in die Karten.

Das große Aber gleich vorab: Das funktioniert natürlich nur, wenn in Ihrem Unternehmen an den entscheidenden Schnittstellen mit dem Kunden keine SEMOs sitzen, die das alles nicht wahrhaben wollen. Und die sich schon gar nicht anstrengen wollen. Denn wenn die Arme der Datenkrake erst mal Ihr Unternehmen erreicht haben, wird der kundeverbellende SEMO zu einem ernsten Problem und Ihr Unternehmen zum Digitalisierungsfutter. Denn Kraken fressen SEMOs zum Frühstück.

Wir müssen dafür sorgen, dass SEMO *jetzt* wach wird. Jetzt ist die Zeit, auf Service zu setzen. Denn Service ist in Zukunft mehr als nur der pflichtschuldige Dienst am Kunden im Rahmen des Nötigen. Auch in der produzierenden Industrie ist Service nicht mehr nur ein Nice-to-have in Ergänzung des Produktportfolios. Service ist in Zukunft der Kumulationspunkt aller Kundenbedürfnisse – das beste Produkt von allen.

SERVICE ist in einer digitalisierten Welt eine SEHNSUCHT, Service ist der neue LUXUS.

Dass die Service-Piraten Assets wie unsere Infrastrukturen für sich nutzen, können wir leider nicht effektiv verhindern. Ich kann den Buchungsportalen nicht verbieten, Zimmer in meinen Hotels anzubieten bzw. täte ich mir damit keinen Gefallen. Doch mit den Assets, auf die sie keinen Zugriff haben, kann ich mich verteidigen, denn auf diesem Spielfeld bin ich ihnen überlegen.

Service ist die Antwort auf die Frage nach der Alleinstellung in der digitalen Welt. Service, der über das hinausgeht, was in der produzierenden Industrie bisher darunter verstanden wurde. Denn auch der Kundenservice macht heute nicht mehr am Info-Tresen auf dem Shopfloor halt – oder sollte es nicht.

Service geht viel, viel tiefer als Beschwerdemanagement und Direktvertrieb – auch wenn er nicht das eigentliche Produkt eines Unternehmens ist. Es gibt Unternehmen, die das schon vor Jahrzehnten verstanden haben – und deshalb heute besser mit der digitalen Konkurrenz zurechtkommen als manch anderer.

INNOVATION AM ARSCH

Der ewige Service-Gigant IKEA hat seine Strategie für das Überleben in der digitalen Welt bereits gefunden. Kein Wunder: IKEA kennt sich aus mit Disruption. Was die Service-Piraten heute tun, hat IKEA auf seine eigene Weise schon vor 40 Jahren getan. Der Marktantritt der Schweden in Deutschland wirkte wie ein Erdbeben in der Möbelindustrie und lehrte die etablierten Möbelhäuser über Nacht das Fürchten.

Vom ersten Tag an war IKEA – mit der Ausnahme des erwähnten T-Shirts – so innovativ und effektiv in seiner Kundenansprache, dass die gesamte Branche gezwungen war, sich ebenfalls ins Zeug zu legen, um zu überleben. IKEA weiß, wie man Marktführer wird – und Marktführer bleibt. Sogar gegen die Service-Piraten.

Die Schweden sind mit einer genialen Strategie unterwegs ins digitale Zeitalter: Service, der das Digitale aufgreift und es gleichzeitig in die Schranken weist. Service, der besser ist als „irgendwas mit Digital". Nämlich Service, der gleichzeitig Innovation ist – auf der Produktebene und am Kunden.

IKEAs neues Sofa-Konzept „Delaktig", eine Art „modulares Sofa", das durch den Nutzer hochgradig konfigurierbar ist, ist geradezu eine Persiflage auf die Digitalisierung. Es zeigt, wie Innovation bei IKEA gemacht wird: auf Tuchfühlung mit dem Kunden statt mit dem (digitalen) Wettbewerb. Der schießt im Netz auch in der Möbelbranche wie Pilze aus dem Boden, denn natürlich gibt es längst auch digitale Möbelversandhäuser. Doch die Schweden beschränken sich nicht darauf, einfach nur ihren Handel zu digitalisieren (obwohl sie das natürlich auch tun).

INNOVATION heißt im digitalen Zeitalter MEHR ALS nur digital sein.

„Delaktig“ heißt Ikeas neuester Coup, der im Frühjahr 2017 schon im Konzeptstadium für Furore sorgte – im Netz natürlich. Denn dass digitale Präsenz unumgänglich ist, darüber herrscht auch bei IKEA kein Zweifel. Übersetzt heißt „Delaktig“ so viel wie „Teil“. Und genau darum geht es. Das Sofa ist ein „modulares Möbelstück“, das sich den Bedürfnissen des Nutzers anpassen kann. Aus dem Grundgerüst, das der Kunde seit 2018 kaufen kann, lassen sich mehrere Varianten des Sofas bauen – je nach Sitzgewohnheiten und Wohnsituation. Wie bei einer Software, die sich durch verschiedene Module und Upgrades für die Bedürfnisse des Nutzers konfigurieren lässt. IKEA richtet sich mit der Idee nicht zu-

letzt an die Millionen „IKEA-Hacker“, die ihre Möbel schon immer gern in Eigenleistung angepasst haben. Das Sofa ist also – abgesehen vom praktischen Nutzen für eine Vielzahl von Käufern – auch ein Geschenk an die Hardcore-Fans, also an die „IKEA-Community“.

Mal wieder zeigt IKEA dem Wettbewerb elegant die Kehrseite: Alle Welt spricht über digitale Plattformen. Darüber, wie Unternehmen sich besser mit der „Community“ vernetzen können. Alle wollen näher am Kunden sein, vor allem: näher als die Konkurrenz. Alle wollen in sein Wohnzimmer, alle wollen seine Daten. Unternehmens-Plattformen, Innovations-Plattformen, Plattform-Denken. Alles Dinge, die dem Kunden letztlich an seiner Plattform vorbeigehen, denn ihn interessiert nur das Ergebnis. IKEA erfindet stattdessen ein Plattform-Sofa und sorgt mit dieser Real-Satire auf das digitale Zeitalter für einen Hype im Internet.

Es kommt eben nicht darauf an, was alle anderen tun. Erfolgreiche Innovation findet da statt, wo der Kunde sie gebrauchen kann. Online, offline, bottom-line. Das gilt für jede Industrie, für jede Form der Dienstleistung, für jede Art von Kunde.

Deshalb ist bei IKEA die Innovation auch im digitalen Zeitalter am Arsch. Wo denn auch sonst?

Wir alle können von der furchtlosen Positionierung von IKEA im digitalen Wettbewerb lernen: Auf der Ebene unserer Kernkompetenzen können wir die Service-Piraten schlagen. Digital mögen sie oft schneller sein, und oft vielleicht auch innovativer. Aber was die Service-Piraten *nicht* können, können wir schon lange. Sollen sie doch kommen:

Was uns nicht umbringt, macht uns besser.

DIE EVOLUTION DER BEDÜRFNISSE

Auf den ersten Blick mag die Innovation in diesem konkreten Fall auf der Produktebene liegen. Tatsächlich zeigt das Beispiel jedoch einen entscheidenden Wesenszug der Digitalisierung auf: Das Prinzip Kundenorientierung lässt die klassischen Trennlinien eines Geschäftsmodells verschmelzen. Es gibt nicht mehr das Produkt hier und den Service da. Alles greift ineinander, alles bedingt sich gegenseitig.

Die Evolution der Produkte ist immer eine Reaktion auf die Evolution der Bedürfnisse. Und die Bedürfnisse des Kunden werden nun mal nicht nur auf der Produktebene bedient, sondern auf allen Ebenen der Beziehung zwischen den Kunden und dem Unternehmen – wenn es dauerhaft erfolgreich sein will. Heute, da Unternehmen für die Kunden so transparent sind wie nie zuvor, überleben nur die Unternehmen, die sich auf jeder Ebene kundenfreundlich zeigen. Durch innovative Produkte, nachhaltige Produktion, sinnhafte Kommunikation, zielgruppengerechten Vertrieb, individuellen Kundenservice …

Die Digitalisierung sorgt dafür, dass wir uns endlich wieder auf das Wesentliche besinnen: auf die Frage, was die Kunden eigentlich wollen. Indem wir fieberhaft nach den neuen digitalen Bedürfnissen forschen, wenden wir uns endlich wieder einer Überlegung zu, die bei zu vielen Unternehmen zu lange verschüttet war: Die Suche nach dem heiligen digitalen Gral bringt uns endlich wieder der Antwort auf die Frage näher, was der Kunde sich *eigentlich* von uns wünscht.

DAS PRINZIP „RADIKALE KUNDENORIENTIERUNG“

Das ist der Grund, warum wir im Zuge der Digitalisierung alle zu Service-Experten werden – und werden müssen: Die Disruption an der Schwelle zur Industrie 4.0 zwingt uns dazu, so radikal wie schon lange nicht mehr über unsere Kunden nachzudenken. Und eine solche Disruption geht immer mit einem Service-Boom einher. Denn wenn sich alles ändert, überleben naturgemäß immer nur die, die dem Kunden in der neuen Zeit am nächsten sind.

SERVICE ist die neue EVOLUTIONS-STRATEGIE der Märkte.

Deshalb ist Service an der Schwelle zu einem neuen Zeitalter das entscheidende Alleinstellungsmerkmal. Das Wesen des Service ist nichts anderes als das Prinzip „radikale Kundenorientierung“, das am Markt über Leben oder Tod entscheidet.

Heute, in der Morgenröte der Digitalisierung, ist alles Service, und ohne Service ist alles nichts. Wenn ein Unternehmen seine Produkte an die Bedürfnisse der digitalen Kunden anpasst – dann ist der Gedanke dahinter Service. Wenn ein Unternehmen seine Kommunikation digitalisiert, um der permanenten Präsenz Genüge zu tun, die der digitale Kunde erwartet – dann ist der Gedanke dahinter Service. Wenn ein Unternehmen seine Produkte auch im eigenen Online-Shop oder bei Amazon verkauft, dann ist der Gedanke dahinter Service. Auch wenn ein Unternehmen sich trotz Digitalisierung bewusst dagegen entscheidet, auf analoge, persönliche Beratung von Angesicht zu Angesicht zu verzichten, dann ist der Gedanke dahinter Service. Und wenn Unternehmen – wie derzeit die Automobilbauer – ihr komplettes Geschäftsmodell über den Haufen werfen und sich vom Hersteller zum Dienstleister wandelt, dann lautet der Gedanke dahinter ebenfalls: Service.

Service ist nicht nur ein Hintergedanke Ihres Geschäftsmodells – Service ist der Gedanke hinter Ihrem Geschäftsmodell.

LA DOLCE VITA – VOM WESEN DES SERVICE

Und noch etwas lässt sich aus dem Delaktig-Coup von IKEA ablesen – genauso wie übrigens auch aus dem Erfolg der Service-Piraten. Der Erfolg der Service-Pioniere der alten und der neuen Garde enthält den entscheidenden Hinweis darauf, worum es beim effektivsten aller Alleinstellungsmerkmale eigentlich geht.

Beim Service geht es darum, den Kunden das Leben schöner zu machen.

In dieser Erkenntnis liegt eine weitere schlagkräftige Waffe gegen die digitale Konkurrenz verborgen. Denn den Kunden das Leben an irgendeiner Stelle in irgendeiner Wertschöpfungskette einfacher zu machen, ist eine Sache – und manchmal vielleicht sogar einfach.

Doch den Kunden das Leben nachhaltig schöner zu machen und mit diesem Versprechen identifiziert zu werden, nicht nur heute, sondern auch in Zukunft, das ist nicht einfach.

Das Wesen des Service ist das Prinzip „radikale Kundenorientierung“. Wir verhelfen dem Kunden zu einem schönen Leben – la dolce vita –, und sei es auch nur in diesem einen Augenblick. Und wenn er uns damit identifiziert, dann ist der Zustand der Kundenbegeisterung erreicht, nach dem wir alle streben. Das ist eine hohe Verantwortung, aus der eine Beziehung fürs Leben entstehen kann. Wir können ihr nur gerecht werden, wenn wir persönlichen, herzlichen Service machen, wie er in diesem Buch beschrieben worden ist – und zwar mehr davon und besser als je zuvor.

SERVICE ist BEZIEHUNGS-ARBEIT – und Beziehungen müssen WACHSEN.

WIE SERVICE ZUM ALLEIN-STELLUNGSMERKMAL WIRD

Einem wird Service-Excellence als Antwort auf die drängende Frage nach der Wettbewerbsfähigkeit im digitalen Zeitalter gar nicht gefallen: SEMO. Noch mehr Service? Och nö! Noch mehr anstrengen? Och nö! Ein Sonderwunsch? Och nö! Wenn es nach SEMO geht, machen wir einfach so weiter wie bisher. Genau deshalb steht SEMO, wenn es nach mir geht, auch auf der Liste der bedrohten Arten. Denn wenn wir auf ihn hören, stehen wir mit unseren Unternehmen bald selbst auf dieser Liste.

Service ist unsere beste Chance auf eine auch digital wirksame, nachhaltige Alleinstellung. Denn die Preisdrückerei, die Abgreiferei in der Wertschöpfungskette und die Kopiererei der anderen können wir nur mit Service schlagen. Mit persönlichem, herzlichem, individuellem, empathischem, relevantem Service!

Selbst die Unternehmen, die sich für ein service-orientiertes Geschäftsmodell neu erfinden müssen, tun sich keinen Gefallen, wenn sie zu lange zögern. Jeder Berufsgruppe und jeder Branche, die noch nicht vom Strudel der Digitalisierung erfasst wurde, wird es auf kurz oder lang genauso ergehen wie den Supermarktkassierern und der Automobilbranche – wenn sie nicht bereit sind sich zu wandeln. Besser als jeder Plan in der Schublade ist es immer, der Konkurrenz einen Schritt voraus zu sein. Und die entscheidende Nasenlänge voraus ist immer der, der dem Kunden am nächsten ist. Also:

RAN AN DEN KUNDEN!

Drei Impulse für eine Alleinstellung durch Service-Excellence

- Abgrenzung entsteht nicht durch Discounts und Rabatte. Loyalität erwächst nur aus der Beziehung zwischen einem Unternehmen und seinen Kunden – und die wird durch Service gestaltet. Service-Excellence ist in Zukunft das entscheidende Alleinstellungsmerkmal.
- Das Wesen des Service ist die radikale Kundenorientierung. Kundenbegeisterung entsteht, wenn wir dem Kunden das Leben schöner und leichter machen – indem wir ihm genau das geben, was dieser Kunde in genau diesem Moment will.
- Das Wie ist wichtiger als das Was. Digitale Konkurrenten können sich in unsere Wertschöpfungskette einklinken und unsere Assets für sich nutzen. Doch beim persönlichen Service – herzlich, individuell, flexibel – können wir sie schlagen.

Wenn Sie Service-Excellence zu Ihrem Alleinstellungsmerkmal machen, bestehen Sie auch gegen die Service-Piraten. Die goldene Regel des Unternehmenserfolgs in der Zukunft lautet:

Erfolgreich denkt man heute nicht in

GESCHÄFTS-IDEEN,

sondern in

SERVICE-IDEEN.

5. SERVICE BRAUCHT FREIRÄUME

WARUM DIE BESTEN LEADER DEN BESTEN SERVICE HABEN

Um die Kundenorientierung in deutschen Unternehmen ist es nicht überall gut bestellt. Der Anspruch der digitalen Kunden und die Wirklichkeit im Service klaffen meist noch weit auseinander. Der Studie „Digital Dialog Insights 2017“ zufolge praktizieren erst 40 Prozent der Unternehmen eine gelebte Kundenorientierung gegenüber den digitalen Kunden.[42] Das ist nicht nur ein Armutszeugnis, es ist auch ein schlechtes Signal für die Zukunft des Standorts Deutschland.

Bei der Kundenorientierung handelt es sich um eine Grundsatzfrage. Für echte Veränderung ist in dieser Frage mehr nötig als ein bisschen operative Optimierung im Kundenkontakt. Wenn es an Kundennähe mangelt, geht es um alles. Dann müssen wir über Führung reden.

Welche Priorität genießt die Kundenorientierung in Ihrem Unternehmen? Ganz gleich, ob Sie ein Mitarbeiter mit Kundenkontakt sind oder selbst Führungskraft, möchte ich Sie einladen, sich einmal dieser Frage zu stellen: Welchen Stellenwert hat die Beziehung zum Kunden in Ihrem Einflussbereich? Wie hoch ist dieser Stellenwert gemessen an anderen Faktoren, etwa dem internen Gehorsam oder den von oben verordneten Benchmarks Ihrer Abteilung?

Und nun lassen Sie mich die Frage noch einmal anders stellen: Für wen arbeiten Sie eigentlich? *Arbeiten Sie für Ihren Chef oder arbeiten Sie für Ihre Kunden?*

Eine schwierige Frage, zugegeben. Die meisten würden wohl antworten: irgendwie beides. Wenn Sie selbst Führungskraft sind, hängt dies gewiss davon ab, was Sie unter Führung verstehen. Wenn Führung für Sie vor allem bedeutet, operativ zu steuern, Aufgaben zu verteilen und die Vorgaben und Benchmarks der Geschäftsführung oder des Vorstands zu realisieren, werden Sie sich wahrscheinlich eher wünschen, dass Ihre Mitarbeiter in erster Linie für Sie arbeiten. Wenn Sie unter Führung den Auftrag verstehen, Mitarbeiter zu motivieren, das Unternehmen mit Innovationen voranzubringen und Kunden zu begeistern, würden Sie sich mindestens theoretisch eher wünschen, dass Ihre Mitarbeiter vor allem für Ihre Kunden da sind.

Natürlich gibt es in dieser Frage kein Schwarz und Weiß. Natürlich stehen Mitarbeiter in der Regel zwischen den Stühlen. Und natürlich kann Führung auch in einem stark kundenorientierten Unternehmen nicht die Umsatzplanung und die strukturellen Gegebenheiten ignorieren.

Es ist nur so: In vielen Unternehmen sind die Mitarbeiter mit Kundenkontakt in ihrer Position zwischen Führung und Kunde regelrecht gefangen, weil sie von ihrer Führung wenig Spielraum im Umgang mit dem Kunden bekommen. Sie sind eingeklemmt in einem Sandwich zwischen den unterschiedlichen Anspruchshaltungen. Das hat zur Folge, dass sie bei allem, was sie tun, letztlich Kompromisse eingehen und dem Kunden optimale Lösungen vorenthalten müssen. Hinzu kommt, dass die meisten Mitarbeiter sich tendenziell in erster Linie loyal gegenüber ihrer Führung verhalten und im Zweifel im Sinne ihres Chefs entscheiden, denn diese Beziehung hat für sie schließlich existenzielle Bedeutung.

Und Führung lässt das nicht nur zu, sie verlässt sich sogar darauf.

Wenn wir nun aber wollen, dass unsere Kunden optimalen Service bekommen, dann ist es durchaus sinnvoll, diese verbreitete Führungskultur zu hinterfragen. Wenn Service ein Alleinstellungsmerkmal ist, wenn Service Ihr Unternehmen zu einer Lieblingsmarke machen soll, wenn Service in hohem Maße persönlich ist und wenn Service sogar der Schlüssel zu den digitalen Kunden und damit der Zukunft Ihres Unternehmens ist, dann ist Führung so, wie sie in vielen Unternehmen noch immer aufgestellt ist, nicht mehr zukunftsfähig. Wenn Mitarbeiter in einem Korsett von Kontrolle und Abhängigkeiten gefangen sind –

und ihre Führungskräfte mit ihnen –, können sie nicht in ausreichendem Maße kundenorientiert sein. Zwischen ihnen und der Art von Service, um die es in den vorangegangen vier Kapiteln geht, steht eine Mauer mit Stacheldraht obendrauf. Service, der auch die digitalen Kunden mit ihrer grenzenlosen Wahlfreiheit begeistert und bindet und Ihrem Unternehmen damit den Weg in eine ertragreiche Zukunft ebnet, kann nicht stattfinden, solange dieser Mauer steht und von der Führung bewacht wird.

Solange Weisung und Kontrolle die zentralen Funktionen von Führung in Ihrem Unternehmen sind, kann Ihr Unternehmen nicht radikal kundenorientiert sein. Solange die Führung SEMOs kultiviert und für ihre Abhängigkeit sogar noch belohnt, bleibt Kundenbegeisterung ein frommer Wunsch oder, im besten Fall, ein Zufallsprodukt. Wenn Service Ihr Geschäftsmodell oder, etwa in der produzierenden Industrie, Ihre Zukunftsstrategie ist, dann kann diese Zukunft nur in der Führung beginnen. Denn nur Führung kann die Freiräume schaffen, die zwingend nötig sind, damit Kunden den individuellen, persönlichen, herzlichen Service bekommen, der sie zu Fans macht.

Service-Excellence entsteht, wenn Führung den KUNDEN WICHTIGER nimmt als sich selbst.

Das klingt so logisch und so einfach – und doch ist es in der Realität oft genau umgekehrt.

FÜHRUNGSTERROR ÜBER DEN WOLKEN

Bei einem Flug mit einer deutschen Airline habe ich als Kunde erlebt, wie die Kundenorientierung über Bord geht, wenn Service-Mitarbeiter Gefangene einer kontrollsüchtigen Führung sind.

Über Fluggesellschaften zu lästern, ist schon fast ein Volkssport geworden, so ähnlich wie über Telekom oder die Bahn zu schimpfen. Daran werde ich mich an dieser Stelle nicht beteiligen. Ich werde mich nicht über schlecht gelaunte Flugbegleiter, Verspätungen und verlorenes Gepäck beschweren. Mir geht es um das Verhalten jener Protagonisten, mit denen wir als Kunden normalerweise nicht in Berührung kommen – und sie nicht mit uns. Genau da liegt häufig auch das Problem. In dieser Geschichte geht es um Führung, die großartigen Service nicht nur nicht fördert, sondern sogar noch aktiv verhindert, dass die Mitarbeiter eigentlich alles richtig machen. Denn das ist leider ein Muster in vielen Unternehmen, die ein Problem mit dem Service haben:

Wenn es an Service-Excellence fehlt, liegt das oft daran, dass die Mitarbeiter nicht dürfen, wie sie könnten.

Der Reihe nach: Vor einer Weile fliege ich also mit dieser Airline von Palma nach Zürich. Und nein, ich habe nicht etwa eine Woche Ballermann hinter mir – ich war zum Arbeiten dort. Auf diesem Flug habe ich es wahrscheinlich mit der nettesten Crew zu tun, die ich je in einem Flugzeug erlebt habe. Der Flug startet pünktlich. Der Kapitän macht eine launige Durchsage. Und die Flugbegleiterin, von der ich meine Bordverpflegung bekomme, ist ein Ausbund an Professionalität und Herzlichkeit gleichermaßen. Normalerweise sinkt die Laune bei einem Rückflug aus Palma – auf diesem Flug steigt sie.

Ich lasse mir mein Käsesandwich schmecken, das übrigens richtig lecker ist. Und weil ich Hunger habe – ich war ja zum Arbeiten in Palma –, frage ich die nette Flugbegleiterin, ob sie nicht noch ein weiteres Sandwich für mich hätte. Ich rechne eigentlich nicht mit einer positiven Antwort. Ich weiß ja, dass die Sandwiches rationiert sind. Aber einen Versuch ist es wert! Und zu meiner großen Überraschung sagt die Dame: „Na klar! Schauen Sie mal, wir haben 50 Sandwiches übrig. Und das ist unser letzter Flug für heute. Den Rest müsste ich sowieso entsorgen."

Und dann – ich traue meinen Augen und Ohren kaum – nimmt sie ihre junge Kollegin zur Seite und sagt: „Weißt du was, wir machen jetzt einen extra Service-Gang. Biete doch die 50 Sandwiches allen Gästen an, die noch eins möchten, dann freuen die sich."

Das habe ich so noch auf keinem Flug erlebt. Warum eigentlich? Der zweite Service-Gang für hungrige Gäste ist eigentlich eine gute Idee, wenn die Sandwiches sowieso übrig sind. Es ist nur eine Kleinigkeit, aber es ist eine spontane Maßnahme für Kundenbegeisterung, eine kleine Geste außerhalb der Norm, die mir in diesem Moment sehr entgegenkommt. Sie kostet die Airline keinerlei Ressourcen, sie verschafft den Flugbegleitern eine zusätzliche Chance für eine herzliche Begegnung mit den Gästen, und sie tut ganz bestimmt niemandem weh. Manchmal ist es so einfach, manchmal reicht so eine Kleinigkeit, um einen Unterschied zu machen. Ich bin in diesem Moment jedenfalls begeistert – denn ich habe Hunger.

Ich will schon zugreifen und strecke meine Hand nach dem leckeren Sandwich aus, das die Dame mir mit einem herzlichen Lächeln entgegenhält. Schon läuft mir das Wasser im Munde zusammen, und mein Magen knurrt wie zur Bestätigung noch einmal seine Zustimmung. Doch bevor das Sand-

wich den Besitzer wechselt, zucke ich plötzlich erschrocken zusammen und ziehe meine Hand zurück. Denn viel zu nahe an meinem Ohr brüllt plötzlich jemand: „Stopp!“ Ich blicke mich irritiert um. In diesem Moment springt wie von der Tarantel gestochen ein Fluggast in Reihe 2 hinter mir auf und stürmt an mir vorbei nach vorn. Na großartig, denke ich bei mir. Das war's, Carsten, der kidnappt jetzt die Maschine. Es sieht auch erst mal ganz danach aus: Der Kerl greift sich die Flugbegleiterin. Er zerrt sie fast um die Ecke hinter die Trennwand, die den vorderen Service-Bereich von den Fluggästen trennt.

Ich sitze auf 1C, also in Hörweite, und ich spitze natürlich die Ohren. Und was höre ich? Die gute Nachricht: keine Flugzeugentführung. Die schlechte Nachricht: irgendwie trotzdem Terror. Der Heißsporn weist sich bei der netten Flugbegleiterin, die immer noch mein Sandwich in der Hand hält und ihn völlig verdattert anblickt, als Checker aus. Er ist also ein versteckter Prüfer der Airline. Er ist unangekündigt und heimlich an Bord, um die Crew zu prüfen. Und jetzt erklärt er ihr mit erregter Fistelstimme in bestem Beamtendeutsch: „Was Sie da machen, das ist verboten! Ein extra Service ist nicht im Standard Operating Procedure vorgesehen. Sie können doch nicht 50 Sandwiches verschenken! Wegwerfen ist Ihr Auftrag, nicht austeilen! Das wird ein Nachspiel haben!“

Sie ahnen es: Ich habe kein zweites Sandwich bekommen. Dabei war ich doch zum Arbeiten in Palma und hatte Hunger. Das Einzige, was ich bekommen habe, war ein schlechtes Gewissen. Als Gast ging ich mit einem schlechten Gewissen aus dem Flugzeug! Wie bescheuert ist das denn? Dieser Checker hat den „Magic Moment" der Kundenbegeisterung kaputtgemacht – für die Mitarbeiterin, aber ganz besonders für die Gäste. Und wofür? Für einen Prozess. Der fiese Sandwich-Killer hat sich für einen Prozess zum Deppen der Lüfte gemacht, der in diesem Moment einfach keinen Sinn ergab. Und sein Unternehmen mit ihm.

Das ist verdammt schade, denn die Geschichte dieses Fluges hätte eine tolle Story werden können. Eine Service-Geschichte mit Werbebotschaft für die Airline sogar. Es ist ja nicht so, dass gewisse deutsche Fluggesellschaften die nicht gebrauchen könnten. Leider hat sie stattdessen eine unschöne Wendung genommen.

Aber warum erzähle ich Ihnen davon? Erstens, weil dieses Beispiel zeigt, dass herzliche, persönlich engagierte Mitarbeiter für herzlichen, persönlichen Service sorgen, der Kunden begeistert. Das wäre der Ausgang dieser Story in einem Paralleluniversum, in dem es keine nervigen Checker gibt und in dem ich mein Sandwich bekommen hätte.

Zweitens zeigt dieses Beispiel:

Kontrollettis in Führungspositionen können jede Kundenbegeisterung kaputtmachen.

Starre Führung ist der größte Service-Verhinderer, den es gibt. Und damit beweist die Geschichte drittens: Service-Excellence ist nur mit Leadership-Excellence zu haben.

COMO, DAS PROZESSMONSTER

Woran ist meine Begeisterung an diesem Tag im Flugzeug gescheitert? An der Kompetenz der Mitarbeiterin an Bord jedenfalls nicht. Sie hat ihre Sache großartig gemacht. Meine Begeisterung wurde dadurch zerstört, dass sie eben *nicht* ihr Ding machen durfte. Sie durfte nicht, wie sie könnte. Der Mitarbeiterin, die es eigentlich besser wusste und eine Service-Bresche in einen unsinnigen Prozess schlagen wollte, wurden Grenzen gesetzt – und zwar völlig bescheuerte, bürokratische Grenzen ohne Sinn und Verstand. Warum konnte es dazu kommen? Weil der Prozess den Vorrang hatte, und eben *nicht* das Bedürfnis des Kunden. Eben *nicht* die Kompetenz der Mitarbeiterin. Wenn sie die Freiheit gehabt hätte, ihren Job mit ihrer Persönlichkeit zu füllen, dann wäre das ein toller Flug mit tollem Service geworden. Aber sie hatte die Freiheit eben nicht. Die Handlungsfreiheit hatte ein Typ im Anzug mit null Ahnung, aber dafür mit einer „Controlling Mission“ und Befugnissen. Und er kann sich nicht einmal damit herausreden, dass er schon lange keinen Kundenkontakt mehr hatte und nicht wüsste, was Kunden wünschen. Er hat den Kundenwunsch mit eigenen Augen beobachtet und das Blitzen in meinen Augen gesehen, als mir ein zweites Sandwich versprochen wurde. Er hat gesehen, wie das Versprechen von herzlichem Service auf Kunden wirkt. Und dann hat er es gebrochen. Ahnungslos, herzlos und sinnlos.

Die BEDÜRFNISSE der Kunden sind wichtiger als das CONTROLLING der Corporate Monkeys.

Ich will dem Mann persönlich gar keinen Vorwurf machen, auch wenn es vielleicht so klingt. Ich verrate Ihnen auch, warum. Der Typ hinter mir im Flugzeug war ein Corporate Monkey. Ein waschechter COMO. So nenne ich Menschen wie ihn oder vielmehr ihre Rolle im Unternehmen. In der Einleitung habe ich die COMOs bereits erwähnt: COMO ist die Kurzform von Corporate Monkey. COMO ist ein naher Artverwandter von SEMO. Viele SEMOs sind nur deshalb SEMOs geworden, weil sie einen COMO zum Chef haben. Denn die COMOs sind sogenannte Führungskräfte, die sich im Korsett der Abhängigkeiten pudelwohl fühlen, das die Führung in vielen Unternehmen charakterisiert.

Sie tun alles, was „man" im Management eben so tut, um sich beliebt zu machen. Ob es für den Kunden relevant ist, ist nicht so wichtig – Hauptsache, es kommt auf dem Weg nach oben beim nächsthöheren Vorgesetzten gut an.

Die COMOs stehen auf Benchmarks und Prozesse, denn sie wollen alles kontrollieren. Wenn jemand ihren Tanzbereich berührt und an ihren Prozessen schraubt, fletschen sie die Zähne und stellen sich auf die Hinterbeine. „Controlling" ist ihr Lieblingswort, getoppt nur noch von „Quartalsbonus". Sie wollen nicht, dass das System sich ändert, denn das System ist ihre Daseinsberechtigung. Sie wollen keine kreativen Mitarbeiter mit neuen Ideen in ihren Teams, denn die könnten ihnen und dem System gefährlich werden. Was sie wollen, ist Kontrolle. Was sie tun, das nennen sie Führung. Und wenn ihr System der Abhängigkeiten funktioniert und sie ihren Verantwortungsbereich und ihre Mitarbeiter fest im Klammergriff der Kontrolle haben, dann nennen sie das Erfolg.

Mit dem Kunden aber hat all das nichts zu tun. Was für das Unternehmen dabei herausspringt, ist ihnen völlig gleichgültig. Hauptsache, der Prozess ist intakt.

So wie der SEMO vorm Frühstücksraum gern einen Haken auf seiner Liste mit Zimmernummern macht, machen die COMOs gern einen Haken an ihre Prozesse: lieber den Kunden verprellen als eingestehen müssen, dass etwas in ihrem System nicht funktioniert. Denn mit den Prozessen und ihrer Durchsetzung – ein für alle Mal! – machen sich die COMOs im Management einen Namen.

Das Problem ist nur: Der Kunde interessiert sich überhaupt nicht für Prozesse. Dem Kunden sind die Prozesse vollkommen gleichgültig, und schon gar nicht will er damit behelligt werden. Der Kunde bucht die Airline ja nicht, um Teil eines Prozesses zu sein. Er checkt nicht ins Hotel ein, um zur Nummer degradiert zu werden. Er wendet sich nicht an die Kundenbetreuung, um endlich mal so ein richtig schönes Kompetenzgerangel zwischen Kundendienst und Controlling mitzuerleben. Der Kunde will kein Rädchen in der Maschine sein. Der Kunde will ein Sandwich, verdammt noch mal!

Und es ist der Kunde, der am Ende darüber entscheidet, ob das Unternehmen tatsächlich erfolgreich ist.

KUNDENORIENTIERUNG BEGINNT IN DER FÜHRUNG

Dieses Sandwich, dieser Wunsch des Kunden, ist der Grund für alles, was wir im Service und in der Führung tun. Der Kunde ist der einzige Maßstab, der zählt. In jedem Unternehmen gibt es ein Sandwich. Doch die Führung in COMO-gesteuerten Unternehmen beschäftigt sich eben nicht mit dem Sandwich, sondern nur mit den Prozessen. Und schafft damit Barrieren, die Service-Excellence verhindern. Dabei sollte es ihr oberstes Ziel sein, Service-Excellence zu fördern. Führung sollte diese Flugbegleiterin ermutigen, anstatt sie zu bestrafen!

Und wen fördern die COMOs in der Führung mit ihrem Kontrollwahn stattdessen? Die SEMOs, die sich schön auf die Vorschriften zurückziehen und alles von sich weisen, was auch nur im Mindesten über den Standard hinausgeht. Die service-scheuen SEMOs, die lieber ihren Vorgesetzten anlächeln als den Kunden. Die notgedrungen machen, was ihnen gesagt wird, aber um Himmels willen keinen Handschlag mehr. Denen der Kunde genauso egal ist wie dem COMO, der sie führt, das Unternehmen.

Eine kundenorientierte Führungsmaßnahme wäre gewesen, wenn der COMO in Reihe 2 sitzen geblieben wäre, die Klappe gehalten, sich eine Notiz im Feld „besondere Bemerkungen“ gemacht und gleich nach der Landung eine E-Mail an *seinen* Vorgesetzten geschrieben hätte:

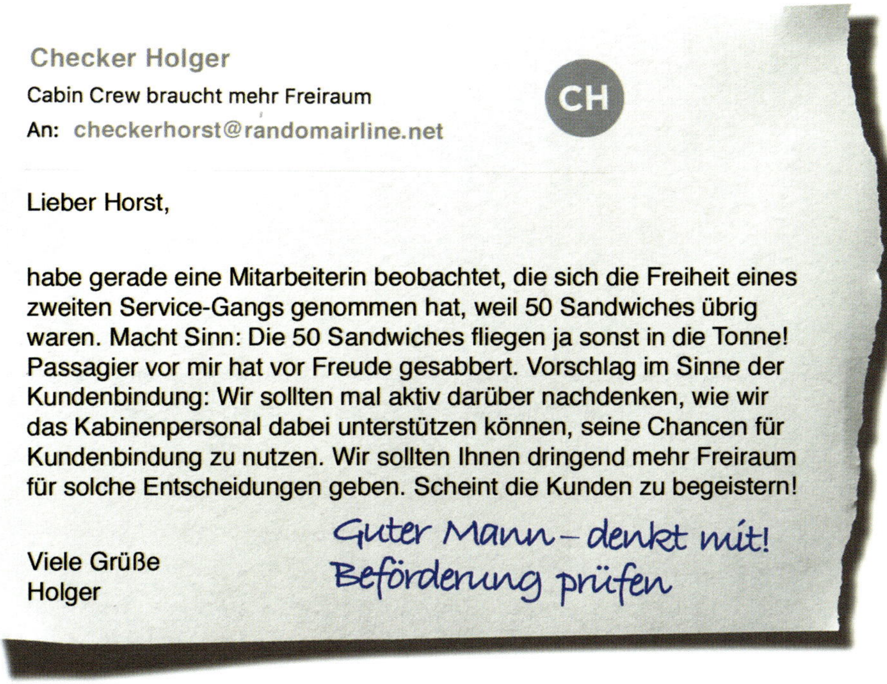

Checker Holger

Cabin Crew braucht mehr Freiraum

An: checkerhorst@randomairline.net

CH

Lieber Horst,

habe gerade eine Mitarbeiterin beobachtet, die sich die Freiheit eines zweiten Service-Gangs genommen hat, weil 50 Sandwiches übrig waren. Macht Sinn: Die 50 Sandwiches fliegen ja sonst in die Tonne! Passagier vor mir hat vor Freude gesabbert. Vorschlag im Sinne der Kundenbindung: Wir sollten mal aktiv darüber nachdenken, wie wir das Kabinenpersonal dabei unterstützen können, seine Chancen für Kundenbindung zu nutzen. Wir sollten Ihnen dringend mehr Freiraum für solche Entscheidungen geben. Scheint die Kunden zu begeistern!

Viele Grüße
Holger

Guter Mann – denkt mit!
Beförderung prüfen

Das wäre kundenorientierte Führung: Die Mitarbeiter im Service in ihrer Handlungsfähigkeit unterstützen und von ihrer Bedürfniskompetenz lernen. Sie haben den Draht zum Kunden, sie kennen sich aus, sie haben den direkten Einfluss auf die Kundenzufriedenheit. Sie sind es, die in diesem Moment kundenorientiert entscheiden können. Nicht der COMO in der Konzernzentrale, der den Prozess erfunden hat, aber keine Ahnung hat, was der Kunde an Bord gerade braucht.

Nicht Prozesse machen Service-Excellence, sondern Persönlichkeiten.

Die Führungskraft der betreffenden Abteilung ist in aller Regel nicht vor Ort, wenn es im Kundenkontakt zur Sache geht. Die Unternehmensführung schon gar nicht. Das ist eine Beschränkung, die Führung mit sich bringt – die sie allerdings auch anerkennen und positiv wenden kann! Und darum geht es mir:

Kundenorientierte Führungskräfte WISSEN, was sie NICHT WISSEN.

Deshalb entscheiden sie auch nicht, was sie nicht entscheiden können, und delegieren statt Aufgaben gleich die Entscheidungsverantwortung – an den, der es sinnvoll entscheiden kann. Und das ist in Service-Fragen in aller Regel kein Anzugträger in der Konzernzentrale, sondern der Mitarbeiter im Kundenkontakt. Die Mitarbeiter im Service, die in jedem COMO-Unternehmen als Frontschweine vorgeschickt werden, brauchen mehr Spielraum.

Erst Freiheit sorgt dafür, dass Führung ihren wahren Zweck erfüllt: Mitarbeiter handlungsfähig zu machen.

Freiheit im Denken und operative Freiheit machen COMO erst zu einer inspirierenden Führungskraft, und SEMO zu einem Kundenbegeisterer. In meinem Buch *30 Minuten Freidenken für Führungskräfte* zeige ich zahllose Strategien, Tipps und Anwendungshilfen auf, wie Prozesse sich kundenorientiert denken und die entsprechenden Kompetenzen im Unternehmen strategisch sinnvoll verteilen lassen.

Service ist die Antwort. Und Freiheit ist die Frage zu dieser Antwort.

SELBSTERKENNTNIS: DER ERSTE SCHRITT ZUR BESSERUNG

Ich will mich an dieser Stelle outen: Auch ich bin nicht frei von unfreien Gedanken und Überzeugungen. Auch ich muss manchmal noch heute gegen den COMO in mir kämpfen. Wir alle haben diese Prägung in uns. Viele SEMOs werden einfach von COMOs geführt, und viele Führungskräfte haben Führung von COMOs gelernt. Auch ich.

Wir sind alle ein bisschen COMO.

Deshalb mache ich dem COMO aus Reihe 2 im Flugzeug keinen Vorwurf. Genauso wenig, wie ich SEMO einen Vorwurf mache. Wir merken oft gar nicht, was wir mit unseren Prozessen so anrichten. Und wir merken vielleicht auch nicht, dass wir dem Unternehmen mit unserem Kontrollwahn schaden und dem Kunden mit unserer Prozessorientierung keinen Gefallen tun. Weil wir die Ergebnisverantwortung – die nachhaltige, vorausschauende Verantwortung für den Unternehmenszweck – an den COMO mit der längeren Krawatte eine Etage weiter oben delegieren. Weil wir gelernt haben zu folgen, anstatt selbstständig zu denken und unsere Führung zu hinterfragen.

Doch nur, weil es so schon immer gemacht wurde, heißt das nicht, dass es so auch richtig wäre. Wir können reflektieren, wir können hinterfragen, und wir können etwas gegen das unfreie Führungssystem von Abhängigkeit und Kontrolle tun. Wir können den COMO in uns zähmen und SEMO Freiheit schenken. Wenn wir SEMO mehr Spielraum geben, bekommen unsere Kunden besseren Service. Damit ist letztlich allen gedient: unseren Unternehmen genauso wie unseren Kunden. Auch COMO und SEMO. Weil Service unser bestes Alleinstellungsmerkmal ist, weil Service unsere beste Zukunftsstrategie ist und weil Service Kunden zu Fans macht.

Dafür sind natürlich ein paar Veränderungen notwendig.

Wie im Service macht auch in der Führung die HALTUNG den UNTERSCHIED.

Und wie im Service geht es auch in der Führung nicht so sehr um das Was, sondern vor allem um das Wie.

Welche Steine wirft Führung dem Service in den Weg, und wie können wir Service-Excellence durch Leadership-Excellence fördern? Ich beschränke mich an dieser Stelle auf einige Aspekte der Führung, die großen Einfluss auf die Service-Qualität haben. Mehr über die verrückte Welt von COMO und wie das Führungsprinzip Unternehmen zukunftsfähig macht, lesen Sie in meinem Buch *Ohne Freiheit ist Führung nur ein F-Wort – Mitarbeiter entfesseln, Kunden begeistern, Erfolge feiern.*

NIEDER MIT DEN SERVICE-BARRIEREN!

Die schlimmste Barriere gegen Service-Excellence wird am Beispiel der Flugbegleiterin überdeutlich: Die COMOs haben Entscheidungen zu einem Führungsprivileg gemacht.

Oben wird entschieden, unten wird ausgeführt und die Klappe gehalten. Und das ist völlig verrückt.

Es kommt auf die Entscheidung an, nicht darauf, wer sie trifft!

Der Irrtum, dass Entscheidungsmacht ein führungsexklusives Privileg sei, ist der Grund, warum es so viele SEMOs gibt. Sie werden durch Führung gezüchtet. Diese Mentalität führt dazu, dass eine Flugbegleiterin um Gottes willen nicht aus Eigeninitiative ein Sandwich verschenkt, das sonst weggeworfen wird.

Diese Entscheidung wird stattdessen in der Führung getroffen, so wie alle Entscheidungen mit einer Auswirkung auf das zahlenmäßige Ergebnis. Sogar die Entscheidungen, die andere viel besser treffen könnten, werden von zahlenverliebten Kontrollettis getroffen – von der Excel-Taliban, die in jedem Unternehmen eigentlich das Sagen hat. Viele Führungskräfte glauben, sie müssten alles entscheiden. Sie glauben, dass das von ihnen erwartet wird. Sie setzen sich damit selbst unter Druck. Aber betrachten wir die Frage doch einmal aus Kundensicht: Wer braucht denn *eigentlich* die meiste Entscheidungsfreiheit? Die Mitarbeiter am Kunden, am Gast, am Mandanten, am Patienten, am Menschen natürlich! Die Flugbegleiterin! Der Verkäufer! Die Rezeptionistin! Der Vertreter! Die Kundenberaterin! Die Pflegerin! Die Menschen, die mit den Kunden arbeiten! Das sind die Menschen, die einschätzen können, was *dieser* Kunde in *diesem* Moment braucht! Und ausgerechnet *diese* Mitarbeiter dürfen in vielen Unternehmen *nichts* entscheiden!

Stattdessen werden sie gedemütigt. Es schmerzt mich, das zuzugeben, doch ich kann es nicht von mir weisen: Manchmal demütigen wir als Führungskräfte unsere Mitarbeiter und merken es gar nicht. Indem wir sie, die Frontschweine, den Kopf für fehlgeleitete Effizienzbemühungen

hinhalten lassen. Indem wir ihnen auferlegen, die Verantwortung für Fehlentscheidungen der Führung zu tragen. Und dann müssen sie, deren Aufgabe eigentlich ist, den Kunden zu begeistern, solche Dinge sagen:

„Sorry, da muss ich erst meinen Vorgesetzten fragen."

„Sorry, zu dieser Entscheidung bin ich nicht autorisiert."

Oder, mein persönlicher Favorit:

„Dafür bin ich nicht zuständig."

Will ich das als Kunde hören? Nein, will ich nicht. Das ist das *Letzte,* was ich als Kunde hören will! In einer perfekten Service-Welt ist das die Höchststrafe! In diesem Moment ist die Beziehung im Eimer. Die ganze Mühe, die ganze schöne Service-Philosophie ist für die Katz. Diese kundenfeindlichen Leitsätze der SEMOs liegen oft nicht in deren Verantwortung. Sehr oft werden sie vielmehr durch Führung erzwungen.

Und deshalb ist die wichtigste Aufgabe der Führung eben nicht, an der Entscheidungsmacht festzuhalten. Führung heißt eben nicht, die Mitarbeiter zu kontrollieren. Führung im Service heißt, den Mitarbeitern am Kunden die Freiheit zu schenken, die sie brauchen.

Und das können wir – wenn wir uns von unserem Glauben an die Allmacht von Benchmarks und Kontrolle verabschieden.

Entscheidungen dürfen kein Führungsprivileg sein.

DIE WICHTIGSTE AUFGABE DER FÜHRUNG

Wie wir festgestellt haben, ist Kundenbegeisterung eine Frage der Beziehung, die wir zu unseren Kunden haben. Es ist vor allem an den Mitarbeitern im Service, diese Beziehung zu pflegen. Die Unternehmensführung verlangt das von ihnen, während sie ihnen allerlei Steine in den Weg wirft. Doch damit nicht genug: Sie lässt sie oft auch mit der Frage allein, wie das eigentlich gehen soll – Kunden begeistern inmitten des kundenunfreundlichen Umfelds, das die Führung ihnen schafft. Und selbst wenn ein Unternehmen tatsächlich kundenfreundlich geführt wird, werden die Mitarbeiter gern mit der Frage allein gelassen, wie diese Beziehung eigentlich auszusehen hat. Was es im Kontext ihres Unternehmens konkret bedeutet, radikal kundenorientiert zu sein, herzlich, persönlich, empathisch.

Genau in dieser Frage verbirgt sich die wichtigste Aufgabe von Führung. Nirgendwo ist sie bedeutsamer als in Führungsfragen mit Bezug zum Service. Wer lebt den Mitarbeitern denn vor, wie die Beziehung zum Kunden aussehen kann? Wer vermittelt ihnen die Unternehmenskultur, die den Umgang mit dem Kunden definiert? Von wem lernen sie die Beziehungskompetenzen, die Service exzellent machen und Kunden begeistern?

Natürlich von ihren Führungskräften. Professionelle Schulungen zu Produkten, Service-Standards und Kommunikation sind das eine – diese Professionalität setzt der Kunde einfach voraus. Um ihn zu begeistern – auch das haben wir schon festgestellt –, braucht ein Unternehmen Persönlichkeit. Und die bekommt es von den Persönlichkeiten im Unternehmen. Führung kann nicht von Mitarbeitern verlangen, den Kunden als begeisternde Persönlichkeiten gegenüberzutreten, und sich selbst diesem Maßstab verweigern. Das funktioniert nicht. Denn was beim Kunden ankommt, beginnt immer in der Führung. Wenn die Führung keine Kundenorientierung vorlebt, können die Mitarbeiter sie nicht ausleben.

Führungskräfte sind die Vorbilder ihrer Mitarbeiter. Sie zeigen ihnen Empathie – oder eben nicht. Sie leben ihnen Augenhöhe, Respekt und Herzlichkeit vor – oder eben nicht. Sie stehen für radikale Kundenorientierung und demonstrieren ihren Mitarbeitern Entscheidungsfreude im Sinne der Kunden – oder eben nicht. Wir machen einen großen Fehler, wenn wir beim Thema „Service“ auf die Mitarbeiter im Service oder auf die Abteilung Kundendienst zeigen und jede Verantwortung von uns weisen. Verantwortungsbewusste Führung hört nicht beim Entscheiden, Delegieren und Kontrollieren auf. Die wichtigste Aufgabe der Führung lässt sich nicht an Zahlen und Regeln festmachen. Die wichtigste Aufgabe von Führung liegt, wie auch der Service, auf der menschlichen Ebene. Wie der Service ist auch Führung in erster Linie Beziehungsarbeit.

Die wichtigste Aufgabe der **FÜHRUNG** ist es, eine **INSPIRATION** zu sein.

Der Grund dafür ist ganz einfach: Service findet nicht in einem emotionalen Vakuum statt. Mitarbeiter strahlen – ein normales Maß an Professionalität einmal ausgeklammert – im Kundenkontakt das aus, was ihre Führung ihnen emotional vorlebt und operativ ermöglicht. Mitarbeiter, die Angst vor Sonderwünschen haben müssen, weil sie keinen Handlungsspielraum haben und permanent kontrolliert werden, verhalten sich am Kunden im besten Fall defensiv und im schlimmsten Fall abwehrend. Und Mitarbeiter, die von ihrer Führung mit deren Begeisterung angesteckt werden, den Kunden eigenverantwortlich begeistern dürfen und operativ die nötigen Befugnisse dafür haben, sind für seine Bedürfnisse offen und können herzlich und proaktiv auf ihn eingehen.

Ob sie diese Freiheit nutzen, liegt dann tatsächlich in ihrer Verantwortung – und das darf auch überprüft werden. Doch bevor Führung ihnen nicht die Voraussetzungen für Kundenbegeisterung schafft und die Möglichkeiten einer Beziehungsgestaltung vorlebt, die auf dem Prinzip Freiheit beruht, darf sie auch keine exzellenten Service erwarten.

EINE LEKTION VON MR. INVOLVEMENT

Wir können als Führungskräfte nicht nicht involviert sein, wenn es um die Beziehung zwischen unserem Unternehmen und unseren Kunden geht. Genauso wenig, wie wir uns der Verantwortung für unsere Mitarbeiter entziehen können. Führung dient den Menschen. Führung bringt Menschen zusammen. Führung gestaltet Beziehungen. Wir können uns nicht auf die Zahlen zurückziehen. Wie können die größte Zukunftschance unserer Unternehmen und die wichtigste Stellschraube für Kundenbegeisterung im digitalen Zeitalter nicht ignorieren, nur weil sie dem COMO in uns nicht rational genug ist. Wir können uns nicht raushalten. Wir können nicht umhin, das System Führung stärker zu emotionalisieren, indem wir uns als Menschen und als Vorbilder zeigen.

FÜHRUNG ist INVOLVEMENT.

Mein Freund Frank Marrenbach ist eine Führungskraft, die ich bewundere. Er leitet das meiner Meinung nach und vielen Expertenurteilen zufolge beste Hotel Deutschlands, das „Brenners Park-Hotel und Spa" in Baden-Baden. Außerdem ist er CEO der aus meiner Sicht besten Hotelgruppe der Welt, der Oetker Collection. Ich bin regelmäßig in seinem Hotel zu Gast. Nicht, weil ich geschäftlich dort zu tun hätte, sondern weil ich es genieße. Und weil Frank ein Vorbild ist, an dem ich mir auch heute noch gern ein Beispiel nehme.

Jedes Mal, wenn ich bei Frank zu Gast bin, passiert dasselbe: Frank bringt mich persönlich auf mein Zimmer. Dort ist alles perfekt für mich vorbereitet, liebevoll und detailversessen. Sogar eine persönliche Karte von Frank liegt neben den frischen Blumen auf dem Tisch. Ein kleines Paradies nur für mich. So weit, so professionell.

Doch jedes Mal gibt es einen kleinen Wermutstropfen. Irgendetwas mit dem Zimmer stimmt nicht, irgendeine Kleinigkeit passt nicht ins perfekt Bild – ein ums andere Mal. Meistens ist es die Stehlampe neben dem Sofa. Alle anderen Lampen sind an, wenn wir das Zimmer betreten, so wie auch entspannende Musik im Hintergrund läuft, damit ich als Gast mit einem schönen Ambiente empfangen werde. Nur diese eine Lampe ist aus. Als wäre sie vergessen worden. Und das ist seltsam, denn in diesem Hotel wird nichts dem Zufall überlassen.

Und dann macht der Hotelier des Jahres, denn diese Auszeichnung ist Frank wiederholt verliehen worden, Folgendes: Er kniet sich in seinem Maßanzug auf den Boden und knipst diese Lampe an.

Ich verrate Ihnen ein Geheimnis: Ich glaube nicht, dass die Lampe oder irgendein anderes Detail jedes Mal vergessen wird. Ich glaube, dass Frank diesen Fehler mit Absicht einbaut. Nicht nur für mich, weil wir befreundet sind, sondern genauso für andere Gäste. Und für noch jemanden: für seine Mitarbeiter. Frank sitzt nicht oben in seinem Büro, schreibt ein paar schlaue Maximen über Service an eine Pinnwand und hält sich ansonsten raus. Frank sucht den Kontakt mit dem Gast. Nicht nur, weil der Gast sich dann gebauchpinselt fühlt. Sondern auch, damit seine Mitarbeiter sehen: Wir ziehen hier alle an einem Strang. Was Frank mit diesem kleinen Makel demonstriert, ist Demut gegenüber der Sache, Demut gegenüber der Aufgabe der Führung.

Und diese Demut gegenüber der Sache ist ein Ausdruck der Vorbildrolle, die Frank ausübt. Sie zeigt sein Verantwortungsgefühl gegenüber Kunden und Mitarbeitern. Damit demonstriert Frank nicht nur den Kunden, dass er seine Aufgabe ernst nimmt, sondern fördert auch das Vertrauen seiner Mitarbeiter in seine Führung. Er zeigt ihnen damit nämlich, dass er sich der gemeinsamen Sache verpflichtet fühlt: Wir ziehen hier alle an einem Strang. Alles, was wir tun, dient dem Gast – und das gilt auch für alles, was ich als Führender tue. Frank lebt vor, was Führung bedeutet und welchen Einfluss sie auf den Service hat.

Führung im Zeichen der Freiheit ruht auf vier Säulen. Die Formel der Führung für Service-Excellence lautet V4. Alle vier V beschreiben die Rolle des Leaders. V4 ist die Voraussetzung dafür, dass unsere Mitarbeiter ihre Freiheiten richtig nutzen. V4 ist das Führungsmodell, das Service-Excellence zugrunde liegt.

Führungsprinzip V4

- *Vertrauen:* Vertrauen ist die Leitplanke der Freiheit. Vertrauen demonstriert eine Führungskraft ihren Mitarbeitern, indem sie ihnen die nötigen Entscheidungsbefugnisse und Handlungsfreiheiten überträgt. COMOs als Kontrollfreaks erkennt man an ihrem Mangel an Vertrauen. Ein Chef, der seinen Mitarbeitern nicht vertraut, hat Mitarbeiter, die sich nichts trauen. Vertrauensvolle Führung setzt einen ideellen Rahmen, innerhalb dessen die Mitarbeiter maximale Freiheiten und volles Vertrauen genießen.
- *Vorbild:* Wenn ich will, dass meine Mitarbeiter freiwillig und selbstbestimmt handeln, erreiche ich das, indem ich es ihnen vorlebe. Als Leader bin ich ein Vorbild: Alles, was ich einfordere, ohne selbst glaubwürdig dafür zu stehen, kaufen meine Mitarbeiter mir nicht ab und werden es auch nicht übernehmen. Im Service-Bereich gibt es sehr viele Führungskräfte, die von ihren Mitarbeitern absolute Kundenorientierung verlangen – und dann bei jeder passenden und unpassenden Gelegenheit über die Kunden lästern oder Entscheidungen treffen, die eben nicht kundenorientiert sind, sondern einer fehlgeleiteten Effizienz folgen oder schlicht Ignoranz gegenüber den Kundenbedürfnissen offenbaren.
- *Verantwortung:* Wenn ich als Führungskraft erwarte, dass meine Mitarbeiter Verantwortung für gemeinsame Ziele übernehmen, gelingt mir das nur, indem ich mich als verantwortungsbewusster Chef zeige. Knicke ich dagegen in der schwierigsten Phase eines Projekts ein, etwa weil eine Führungsebene über mir eine Budget-Kürzung beschlossen wird, kann ich nicht von meinem Team erwarten, dass es die Einschränkungen gegenüber dem Kunden für mich ausgleicht.
- *Verpflichtung:* Wenn ich will, dass meine Mitarbeiter sich dem Unternehmen verpflichtet fühlen, kann ich ihnen demonstrieren, dass ich mich der gemeinsamen Mission verpflichtet fühle. Dies ist die Säule, die bei den Corporate Monkeys zuerst wegknickt. Denn sie fühlen

sich ganz anderen Motiven verpflichtet als dem Unternehmenserfolg, der Kundenzufriedenheit, der gemeinsamen Mission. Sie sind auf ihren eigenen Vorteil bedacht. SEMOs fühlen sich dem Kunden nicht verpflichtet, weil ihr vorgesetzter COMO sich ihnen nicht verpflichtet fühlt.

V^4

Vertrauen
Vorbild
Verantwortung
Verpflichtung

Franks Beispiel zeigt, wie sich V4 auf den Service auswirkt: Er kümmert sich selbst um den Gast, weil er seinen Leuten ein *Vorbild* sein will. Weil er ihnen zeigen will, wie man *Verantwortung* für den Kunden übernimmt, denn dann kann er seinen Mitarbeitern *vertrauen.* Und weil er sich der gemeinsamen Mission *verpflichtet* fühlt. Frank führt, indem er das alles vorlebt. Deshalb geht er vor dem Gast auf die Knie. Und deshalb ist sein Hotel das beste in Deutschland.

COMOs dagegen halten sich am starren System der Führung durch Weisung und Kontrolle fest, weil es ihnen an den vier V mangelt. Wenn Sie schlechten Service erleben, ist die Wahrscheinlichkeit hoch, dass der SEMO, der Ihnen gegenübersteht, am wenigsten dafür kann. Höchstwahrscheinlich wird das Unternehmen von COMOs geführt. Schlechte Leader haben schlechten Service. Und die besten Leader haben meist auch den besten Service.

Service-Excellence braucht vor allem Kundennähe. Je näher am Kunden Entscheidungen getroffen werden, desto besser die Service-Erfahrung. Die Mitarbeiter direkt am Kunden haben den größten Einfluss darauf. Und ausgerechnet sie haben oft zu wenig Freiheit. Nur Führung kann ihnen die nötigen Spielräume geben. In der Beziehung zwischen Führungskräften und Mitarbeitern gilt das Gleiche wie in der Beziehung zwischen einem Unternehmen und seinen Kunden.

Um den Service in einem Unternehmen zu verbessern, zu einem Alleinstellungsmerkmal zu machen und als Zukunftsstrategie zu etablieren, ist zuerst und vor allem die Führung gefragt. Service-Excellence entsteht durch Leadership-Excellence. Mit den folgenden drei Impulsen legen Sie in der Führung den Grundstein für exzellenten Service.

Drei Impulse für Service-Excellence durch Leadership-Excellence

- Nicht Prozesse machen Service-Excellence, sondern Persönlichkeiten. Reißen Sie Barrieren ein, die Ihre Mitarbeiter blockieren, statt durch Kontrollwahn und interne Abhängigkeiten immer neue Hürden zu bauen! Führung ist nicht Kontrolle, sondern Beziehungsarbeit.
- Entscheidungen sind kein Führungsprivileg. Die meisten Freiheiten brauchen die Mitarbeiter am Kunden. Prüfen Sie die Befugnisse in Ihrem System und geben Sie Ihren Mitarbeitern den Handlungsspielraum und die Verantwortung, die sie brauchen!
- Leben Sie V4 als Beispiel für die Beziehungspflege vor: Vorbild, Verantwortung, Verpflichtung, Vertrauen. Ihr Verhalten gegenüber Ihren Mitarbeitern wirkt sich direkt auf deren Verhalten gegenüber den Kunden aus. Die Führungshaltung definiert die Service-Haltung.

Wo COMOs SEMOs führen, kann keine Service-Excellence entstehen. Wo Führung ein System von Abhängigkeiten ist, kann es keine radikale Kundenorientierung geben. Kundenbegeisterung entsteht, wenn Führungspersönlichkeiten Service-Persönlichkeiten inspirieren.

Die goldene Regel der Führung für Service-Excellence lautet:

Nur ein Unternehmen, in dem
FREIHEIT
herrscht, kann Kunden
BEGEISTERN.

SERVICE-EXCELLENCE: ZEHN SCHRITTE ZUR KUNDENBEGEISTERUNG

1. Lernen Sie SEMO kennen, verstehen und überwinden!
2. Machen Sie radikale Kundenorientierung zum Maßstab für alles!
3. Betrachten Sie Ihren Service als Alleinstellungsmerkmal!
4. Geben Sie dem Wie im Service immer Vorrang vor dem Was!
5. Beachten Sie bei jedem Kundenkontakt die Fünf-Sekunden-Regel!
6. Überraschen Sie Ihre Kunden mit mehr, als sie erwarten!
7. Zeigen Sie sich bei Kleinigkeiten großzügig!
8. Personalisieren Sie das Kundenerlebnis!
9. Orientieren Sie sich am Menschen, nicht am technisch Machbaren!
10. Ordnen Sie die Digitalisierung dem Service unter, nicht umgekehrt!

NACHWORT VON REGINE SIXT

Service – der Schlüssel zur Zukunft

Der beste Wettbewerb ist ein Wettbewerb zugunsten der Kunden. Das ist eine Überzeugung, die Carsten K. Rath und die Firma Sixt eint. Sie ist eine von vielen Parallelen, die begründen, warum wir schon seit vielen Jahren gern und erfolgreich mit ihm kooperieren: Seine unternehmerische Haltung und seine Service-Philosophie passen ideal zu Sixt.

Mit diesem Buch und seinen treffsicheren Thesen über die Zukunft des Service im digitalen Zeitalter hat Carsten K. Rath uns bei Sixt ein weiteres Mal inspiriert. Wir waren schon immer ein Unternehmen, dass sich im Kern um den Service dreht: Was brauchen unsere Kunden heute und in Zukunft – und wie können wir durch konsequente Kundenorientierung auch morgen noch Vorreiter in unserer Branche sein? Diese Fragen stehen bei Sixt über allem. Mobilität befindet sich in einem stetigen Wandel, und wir bei Sixt stecken selbst mitten in der digitalen Transformation. Die Digitalisierung und Entwicklungen wie das autonome Fahren fordern uns als Unternehmer auch nach mehr als einem Jahrhundert wieder aufs Neue heraus. Wir wollen die Mobilität der Zukunft mitgestalten – aktiv und als Pioniere. Mit Angeboten wie dem Carsharing und dem Limousinen-Service myDriver setzen wir innerhalb unserer Branche Akzente bei Qualität und Service – den zentralen Erfolgsfaktoren der Vergangenheit, der Gegenwart und noch mehr der Zukunft. Als Unternehmer müssen wir jeden Tag von Neuem handeln.

Deshalb gibt es viele Aspekte in diesem Buch, denen ich leidenschaftlich beipflichten kann: Mit seiner These, dass Service auch in der digitalen Welt der entscheidende Erfolgsfaktor ist, trifft Carsten K. Rath den Nagel auf den Kopf. Wie er halten wir die Innovationsfähigkeit für die wichtigste Aufgabe eines Unternehmens – auf Organisationsebene genauso wie auf der Produktebene. Wie in seinen Unternehmen bildet auch bei uns der Kunde mit seinen Bedürfnissen den Maßstab für jede Entscheidung und jede Maßnahme. Und wie Carsten K. Rath es vorlebt und in diesem Buch beschreibt, bin auch ich persönlich davon überzeugt, dass die Mitarbeiter im Service die Visitenkarte des Unternehmens sind – unsere wichtigsten Botschafter.

Im täglichen Kontakt leben wir unseren Kunden vor, welche Art von Unternehmen wir sind. Hier, im Service, entstehen die Kundenbegegnungen, die unsere Alleinstellung erlebbar machen. Hier werden die Beziehungen gepflegt, die uns in die Zukunft tragen.

Service ist auch für Sixt die entscheidende Zukunftsstrategie. Mit herzlichem, persönlichem, überraschendem Service machen wir in der digitalen Welt den Unterschied. Die Strategien in diesem Buch können jeden Mitarbeiter im Service, jede Führungskraft und jeden Unternehmer dabei unterstützen, sich im Wettbewerb zugunsten des Kunden zukunftsfähig aufzustellen.

Regine Sixt

QUELLENVERZEICHNIS

[1] Die ganze Geschichte über die Wiedereröffnung des Hotel Adlon und viele weitere lehrreiche Service-Anekdoten aus meinem Leben erzähle ich in meinem Buch *Sex bitte nur in der Suite – Aus dem Leben eines Grand Hoteliers,* Herder Verlag 2015

[2] Quelle: *Interne Statistik von The Ritz-Carlton Hotel Company, L.L.C.*

[3] *Netflix fliegen die Kunden nur so zu,* Manager Magazin online, 18.07.2017, http://www.manager-magazin.de/unternehmen/it/netflix-bricht-alle-rekorde-aktie-schiesst-hoch-a-1158423-2.html (Zugriff am 18.10.2017)

[4] *Restaurants der Zukunft – Individuell angepasste Technologie,* Pressemitteilung von Bookatable by Michelin, https://gastronomen.bookatable.de/wp-content/uploads/sites/2/2016/11/Quaterly-Dining-Trends-2016.pdf (Zugriff am 18.10.2017)

[5] Dan O'Shea: *Study – Shoppers more willing to consult mobile phones than associates while in stores,* retaildive.com, 06.04.2017, http://www.retaildive.com/news/study-shoppers-more-willing-to-consult-mobile-phones-than-associates-while/9970/ (Zugriff am 18.10.2017)

[6] ebd.

[7] Yelp, https://www.yelp.com/biz_photos/ikea-frisco?select=yxwluOXfSKcQmcdA2F_O1g (Zugriff am 18.10.2017)

[8] Marc Etzold: *Chinesen lieben Deutschland, wir aber nicht China,* WirtschaftsWoche online, 12.05.2016, http://www.wiwo.de/politik/deutschland/studie-von-huawei-chinesen-lieben-deutschland-wir-aber-nicht-china/13582148-all.html (Zugriff am 18.10.2017)

[9] ebd.

[10] Tobias Kaiser: *Maschinen könnten 18 Millionen Arbeitnehmer verdrängen,* WELT N24, 02.05.2015, https://www.welt.de/wirtschaft/article140401411/Maschinen-koennten-18-Millionen-Arbeitnehmer-verdraengen.html (Zugriff am 18.10.2017)

[11] Philip Perry: *47 % of Jobs Will Disappear in the next 25 Years, According to Oxford University,* bigthink.com, 27.12.2016, http://bigthink.com/philip-perry/47-of-jobs-in-the-next-25-years-will-disappear-according-to-oxford-university (Zugriff am 18.10.2017)

[12] ebd.

[13] Kai Stoppel: *Diese Jobs könnten Roboter übernehmen,* n-tv online, 16.05.2016, http://www.n-tv.de/wissen/Diese-Jobs-koennten-Roboter-uebernehmen-article17686596.html (Zugriff am 18.10.2017)

[14] ebd.

[15] Stefan Schultz: *Die Jobfresser kommen,* Spiegel online, 02.08.2016, http://www.spiegel.de/wirtschaft/soziales/arbeitsmarkt-der-zukunft-die-jobfresser-kommen-a-1105032.html (Zugriff am 18.10.2017)

[16] *Google-Software gewinnt gegen Go-Weltmeister,* ZEIT online, 09.03.2016, http://www.zeit.de/sport/2016-03/alphago-sieg-go-brettspiel-weltmeister-lee-sedol-kuenstliche-intelligenz (Zugriff am 18.10.2017)

[17] Sarah Kessler: *Algorithms are failing Facebook. Can humanity save it?,* Quartz, 07.05.2017, https://qz.com/977297/facebook-live-murders-algorithms-are-failing-facebook-can-humanity-save-it/ (Zugriff am 18.10.2017)

[18] Moritz Ceier: *Der technische Fortschritt bringt mehr neue Jobs als er vernichtet,* WIRED, 19.08.2015, https://www.wired.de/collection/science/schaffen-roboter-wahrheit-mehr-jobs-als-sie-uberflussig-machen (Zugriff am 18.10.2017)

[19] Katie Allen: *Technology has created more jobs than it has destroyed, says 140 years of data,* The Guardian online, 18.08.2015, https://www.theguardian.com/business/2015/aug/17/technology-created-more-jobs-than-destroyed-140-years-data-census (Zugriff am 18.10.2017)

[20] Moritz Ceier: *Der technische Fortschritt bringt mehr neue Jobs als er vernichtet,* WIRED, 19.08.2015, https://www.wired.de/collection/science/schaffen-roboter-wahrheit-mehr-jobs-als-sie-uberflussig-machen (Zugriff am 18.10.2017)

[21] Katie Allen: *Technology has created more jobs than it has destroyed, says 140 years of data,* The Guardian online, 18.08.2015, https://www.theguardian.com/business/2015/aug/17/technology-created-more-jobs-than-destroyed-140-years-data-census (Zugriff am 18.10.2017)

[22] Moritz Ceier: *Der technische Fortschritt bringt mehr neue Jobs als er vernichtet,* WIRED, 19.08.2015, https://www.wired.de/collection/science/schaffen-roboter-wahrheit-mehr-jobs-als-sie-uberflussig-machen (Zugriff am 18.10.2017)

[23] ebd.

[24] ebd.

[25] Nicole Lee: *LG made a couple of robots just for airports,* Engadget, 01.05.2017, https://www.engadget.com/2017/01/05/lg-made-a-couple-of-robots-just-for-airports/ (Zugriff am 18.10.2017)

[26] *Spencer führt die KLM-Passagiere durch Schiphol,* Travelnews.ch, 31.03.2016, https://www.travelnews.ch/flug/2105-spencer-fuehrt-die-klm-passagiere-durch-schiphol.html (Zugriff am 18.10.2017)

[27] Düsseldorfer Terrassengespräch: *„Maschinen machen uns menschlich",* Handelsblatt Nr. 129/Handelsblatt online, 07.07.2017, http://www.handelsblatt.com/unternehmen/it-medien/duesseldorfer-terrassengespraech-maschinen-machen-uns-menschlich/20031952.html (Zugriff am 18.10.2017)

[28] *Die deutsche Skepsis gegenüber Service-Robotern,* Top Hotel 4/2016, S. 12

[29] ebd.

[30] Giorgio v. Müller: *Schindler flickt Aufzüge mit dem iPhone,* Neue Zürcher Zeitung online, 14.06.2016, https://www.nzz.ch/wirtschaft/fruechte-der-digitalisierung-schindler-flickt-aufzuege-mit-dem-iphone-ld.88698 (Zugriff am 18.10.2017)

[31] Sabine Hübner & Carsten K. Rath: *Das Leben. Ein bunter Hund,* Murmann, Hamburg 2016, S. 201

[32] Arno Eisner: *Bitte verschont uns damit: Perverser VR-Sexanzug schießt den Vogel ab,* Chip.de, 10.04.2016,

http://www.chip.de/news/Bitte-verschont-uns-damit-Perverser-VR-Sexanzug-schiesst-den-Vogel-ab_92114446.html (Zugriff am 18.10.2017)

[33] ebd.

[34] Michael Najjar: *end of sex.as we know it,* Novo, 01.11.2002, https://www.novo-argumente.com/artikel/end_of_sex.as_we_know_it (Zugriff am 18.10.2017)

[35] Christiane Pütter: *Firmen sehen Gefahren der Digitalisierung nicht,* Computerwoche, 01.03.2017, https://www.computerwoche.de/a/firmen-sehen-gefahren-der-digitalisierung-nicht,3263123 (Zugriff am 18.10.2017)

[36] ebd.

[37] ebd.

[38] Andreas Geldner: *Manager fürchten Überraschungsangriffe,* Stuttgarter Zeiung online, 10.11.2015, http://www.stuttgarter-zeitung.de/inhalt.ibm-studie-manager-fuerchten-ueberraschungsangriffe.54b44fa2-95c0-4e7b-82ff-987c1f23bad7.html (Zugriff am 18.10.2017)

[39] ebd.

[40] Lilly Cunningham: *In big move, Accenture will get rid of annual performance reviews and rankings,* The Washinton Post online, 21.07.2015, https://www.washingtonpost.com/news/on-leadership/wp/2015/07/21/in-big-move-accenture-will-get-rid-of-annual-performance-reviews-and-rankings/?utm_term=.09569d2e3174 (Zugriff am 18.10.2017)

[41] ebd.

[42] Studie Digital Dialog Insights 2017, zitiert aus: Haufe Online Redaktion: *Erst 40 Prozent der Unternehmen handeln kundenorientiert,* 11.07.2017, https://www.haufe.de/marketing-vertrieb/dialogmarketing/erst-40-prozent-der-unternehmen-handeln-kundenorientiert_126_418422.html (Zugriff am 18.10.2017)

STICHWORTVERZEICHNIS

DER AUTOR

Foto: Kameha Grand Zürich

Der Unternehmer Carsten K. Rath ist Keynote-Speaker und Autor zu den Themen „Service" und „Führung". Rund um den Globus hat er Tausende Mitarbeiter geführt und wurde vielfach für seine Service-Qualität ausgezeichnet. Als viel gefragter Vortragsredner gibt er den unterschiedlichsten Unternehmen Impulse für Kundenbegeisterung. Als Gründer der Managementberatung *RichtigRichtig.com* ist er auf Vorstands- und Geschäftsführungsebene international geschätzt und genießt das Vertrauen erfolgreicher Unternehmer und Führungskräfte.

Im GABAL Verlag sind von Carsten K. Rath bereits erschienen: